MANUEL ÉLÉMENTAIRE

D'AGRICULTURE ET D'HORTICULTURE

THÉORIQUE ET PRATIQUE

CORBEIL. — IMPRIMERIE B. RENAUDET

MANUEL ÉLÉMENTAIRE

D'AGRICULTURE & D'HORTICULTURE

THÉORIQUE ET PRATIQUE

PAR

J. C. VICTOR BARBIER

Auteur de la *Jeune Fermière* et du *Traité d'Agriculture*,
ouvrages recommandés par la Commission d'examen
pour les Bibliothèques scolaires et les Cours d'adultes

AVEC NOMBREUSES FIGURES DANS LE TEXTE

Tant vaut l'homme, tant vaut la terre.
(Proverbe agricole)

Troisième édition

PARIS

LIBRAIRIE CH. DELAGRAVE

15, RUE SOUFFLOT, 15

1886

PRÉFACE

Le succès obtenu par nos précédents ouvrages, qui ont été recommandés par la Commission chargée de l'examen des ouvrages destinés aux bibliothèques populaires et scolaires, nous a donné l'idée de faire, spécialement pour la Haute-Saône, un *Petit Manuel* traitant de toutes les choses agricoles et horticoles, pour être mis, comme livre de lecture et comme livre d'étude, entre les mains des enfants de nos écoles rurales.

Nous avons espéré contribuer ainsi, pour notre faible part, à l'œuvre de l'enseignement classique et agricole que le gouvernement organise à tous les degrés, et qui, nous en sommes bien convaincu, ne restera pas lettre morte comme par le passé.

Inutile de dire que nous n'avons pas eu l'intention d'écrire, même en petit, un cours d'agriculture. Notre Manuel ne saurait entrer dans les développements indispensables pour enseigner un art si compliqué. Mais nous avons pensé qu'avant de se lancer dans les détails de cette longue étude, il était bon d'en embrasser l'ensemble par une sorte de coup d'œil préliminaire. Nous avons songé aussi, en écrivant, à ceux qui ne pourront jamais se livrer à ces grandes études, à la plupart des jeunes gens des campagnes qui, au sortir de l'école, passeront à la pratique. C'est cette pratique que nous cherchons à rendre plus facile par quelques aperçus de la théorie que nous avons faits aussi simples que possible, en épelant en quelque sorte avec eux les explications les plus rationnelles.

Tel a été notre but : éveiller chez eux la faculté de raisonner sur les travaux auxquels ils doivent se livrer un jour, seul moyen de faire avancer l'agriculture et de sortir de l'ornière dans laquelle la routine la retient encore.

Nous espérons aussi que notre petit livre pourra faciliter la tâche des instituteurs de notre département, si dévoués à tous les progrès.

Nous ne pouvons résister au désir de citer une partie de ce que nous écrivait, à propos de notre Manuel, l'honorable M. Galliard, l'inspecteur d'académie pour le département de la Haute-Saône, qui a su, par sa capacité hors ligne et par un zèle constants, amener en peu d'années ce département à l'un des premiers rangs de l'enseignement scolaire de France.

Vesoul, 6 juillet 1879.

Monsieur,

J'ai pris connaissance du manuscrit que vous avez bien voulu me communiquer et que vous vous proposez de faire imprimer sous le titre de : Petit manuel d'agriculture et d'horticulture spécial au département de la Haute-Saône.

Ce Manuel répond à ce que nous demandons depuis longtemps; il est appelé à rendre de véritables services dans nos écoles de la Haute-Saône, où il vulgarisera des notions excessivement utiles aux populations rurales.

Je vous félicite, Monsieur, d'avoir si bien réussi dans votre travail......

Fort de ce précieux encouragement, aidé par les renseignements qu'a bien voulu nous donner notre jeune et savant professeur départemental d'agriculture, M. Bourgeois, appuyé sur une longue pratique et sur les auteurs remarquables qui ont traité de la matière : Olivier de Serres, de Gasparin, Barral, V. Borie, Joigneaux, Schwertz, etc., nous avons l'espoir d'avoir fait un travail utile.

Nous n'avons plus qu'un mot à dire sur la façon dont nous avons compris ce travail.

Nous avons essayé de signaler tous les procédés nouveaux, tous les progrès réalisés à ce jour; nous avons adopté les classifications généralement admises; nous n'avons pas parlé de la vigne, parce que la viticulture occupe en France une si large place, que ce n'est pas trop de lui consacrer un travail spécial.

Nous avons cru devoir multiplier les divisions et subdivisions des matières, d'où certaines répétitions qui peuvent paraître inutiles; mais nous croyons qu'elles faciliteront le travail des élèves en mettant en évidence les diverses faces de chaque sujet, au risque même de quelques redites.

Nous comptons, du reste, pour le bon emploi de ce Manuel, sur le zèle, sur l'intelligence des instituteurs, et nous sommes sûr d'avance qu'ils ne nous manqueront pas (1).

V. BARBIER.

(1) L'accueil fait à notre première édition, rapidement épuisée, nous fait un devoir d'apporter tous nos soins à celle qui paraît aujourd'hui.

Elle contient des additions nombreuses ; nous avons voulu la mettre au niveau de tous les progrès réalisés et nous appesantir davantage sur tout ce qui intéresse spécialement notre département.

Nous profitons de l'occasion pour adresser tous nos remerciements au Conseil général de la Haute-Saône pour l'intérêt qu'il a porté à notre petit volume en votant le crédit nécessaire à l'acquisition, pour chaque instituteur, d'un exemplaire de ce Manuel.

Nous remercions aussi bien sincèrement M. l'Inspecteur d'académie et ses collaborateurs MM. les Inspecteurs primaires de l'appui qu'ils nous ont prêté, et MM. les Instituteurs de leur efficace concours.

Nous espérons qu'ils voudront bien, les uns et les autres, nous le continuer et nous prouver ainsi que nous avons atteint le but que nous nous proposions : vulgariser et aider dans la limite de nos forces à l'enseignement de l'agriculture, enseignement si utile dans notre département.

MANUEL PRATIQUE

D'AGRICULTURE ET D'HORTICULTURE

PREMIÈRE PARTIE

CHAPITRE PREMIER

DE L'AGRICULTURE EN GÉNÉRAL.

1. L'agriculture est l'art de faire produire à la terre, dans les meilleures conditions possibles, les plantes néces-

Le laboureur.

saires à la nourriture de l'homme, à celle des animaux et à diverses industries.

La science de cultiver la terre est la plus ancienne de toutes les sciences, puisque, ayant pour but de nourrir les hommes, c'est d'elle tout d'abord qu'ils ont dû s'occuper.

1.

Elle est, en outre, la source qui fournit à presque toutes les industries les matières qu'elles travaillent et qui donne au commerce presque tout ce qu'il transporte, vend ou achète.

Son importance et son utilité sont telles que, véritable thermomètre de la fortune publique, on peut dire que lorsque l'agriculture prospère, tout prospère, et que tout souffre lorsqu'elle souffre.

2. Et cependant, malgré son ancienneté, malgré son importance, combien elle est loin encore d'avoir réalisé tous les progrès dont elle est susceptible, et de donner toute la somme de bénéfices et d'avantages qu'elle doit réellement procurer à celui qui s'y livre! C'est qu'à côté des connaissances pratiques que l'on acquiert en travaillant, et qui, presque toujours, restent stationnaires, il faut des connaissances théoriques que l'instruction seule peut donner.

Or, jusqu'à nos jours, l'instruction n'a pas été assez largement distribuée, et l'enseignement agricole, toujours promis, n'a jamais été sérieusement appliqué. Le gouvernement actuel, la République, qui, de toutes les façons, tend à améliorer le sort du plus grand nombre, ne pouvait négliger la classe si nombreuse des cultivateurs; c'est pour cela qu'il organise, à tous les degrés, l'enseignement de l'agriculture.

Aucune science, qu'on en soit bien convaincu, n'exige plus de connaissances variées que l'agriculture. En effet, pour cultiver avec fruit, ne faut-il pas connaître la composition des sols, afin de les améliorer en leur donnant ce qui leur manque; la valeur et l'emploi des engrais, les lois de la végétation, la nature et les avantages de chaque plante, les aptitudes et les dispositions des animaux que l'on veut employer, élever ou engraisser? Ne faut-il pas etre à même de n'adopter une manière de faire qu'après l'avoir étudiée et comparée avec d'autres manières de faire ? Il faut enfin pouvoir raisonner ce que l'on fait, et se rendre compte de la cause de ses succès et de ses insuccès, de façon à ne rien faire aveuglément, mais à ne pas craindre de modifier, de faire des essais pour améliorer.

Sans doute, on peut cultiver la terre sans savoir ni lire ni écrire ; nous en avons sous les yeux de trop nombreux exemples ! Mais le cultivateur à qui ont manqué les bienfaits de l'instruction, suit la routine, fait ce qu'il a vu faire par son père ou par d'autres avant lui ; il n'adopte que très tardivement le plus léger progrès : il vit, mais il n'améliore ni sa position, ni sa terre, heureux quand il n'empire pas l'une et n'épuise pas l'autre.

Qu'on en soit bien persuadé : la différence des rendements du sol, différence qui, de tels départements à tels départements, varie quelquefois du simple au triple, tient beaucoup plus au cultivateur qu'à la terre elle-même. *Tant vaut l'homme, tant vaut la terre*, dit le proverbe, et c'est rigoureusement vrai.

Pour ne parler que de la Haute-Saône, combien n'avons-nous pas de terres qui ne sont pas inférieures à celles du département du Nord, avec un climat plus favorable, et qui cependant produisent beaucoup moins ? Pourquoi ? C'est qu'elles sont moins bien cultivées et qu'elles reçoivent moins d'engrais.

Cette infériorité disparaîtra au fur et à mesure que la science agricole se généralisera.

3. Dans le Nord déjà cité, en Angleterre, ce pays modèle de l'agriculture, les cultivateurs sont généralement instruits et éclairés ; tous, ou à peu près, se tiennent au courant des progrès de la chimie, de la botanique, de la mécanique, etc.; en un mot, ils recherchent toutes les connaissances nécessaires pour faire bien ; aussi, les grandes fortunes dues à l'agriculture n'y sont-elles pas rares.

Ces sciences, que connaissent presque tous les fermiers anglais et dont les noms sont à peine connus dans nos campagnes françaises, sont cependant d'une grande utilité au cultivateur.

Avec la *mécanique*, il apprendra à bien employer ses outils, machines et instruments ; il pourra les simplifier, même les perfectionner et les multiplier ; il saura, grâce à cette science, utiliser avec plus de fruit les forces dont il dispose : bras d'hommes, animaux, vents, cours d'eau, etc.; en un mot, la mécanique lui apprendra à travailler mieux, plus vite et avec moins de frais.

La *botanique* lui fera connaître les plantes ; quelles sont celles qui sont nuisibles, la manière dont elles s'accroissent et se multiplient. Elle lui indiquera comment on peut conserver et améliorer les espèces utiles et les avantages que l'on peut en retirer ; elle lui fera connaître des plantes médicinales qu'il saura trouver dans les haies, les bois ou les champs, et qui souvent remplaceront celles qu'à grands frais l'on achète chez les pharmaciens.

La *chimie* est une science particulièrement utile au cultivateur ; par elle il saura la composition de ses terrains, ce qu'il faut leur donner pour en conserver ou en augmenter la fertilité ; il appréciera la valeur des matières qu'il convient de mélanger à la terre, comme engrais et comme amendements ; il connaîtra le parti que l'on peut tirer des produits du sol. C'est elle qui nous a appris à extraire le sucre de la betterave, la fécule de la pomme de terre, l'alcool des grains et d'une foule de végétaux, etc. Cette science lui prouvera que les végétaux ne s'accommodent pas tous indistinctement d'un même régime, que l'un recherche la nourriture qu'un autre repousse ; elle apprend à purifier les lieux malsains, à connaître les qualités bonnes ou mauvaises des eaux nécessaires soit à l'alimentation, soit aux besoins de la culture, etc., etc.

Aux connaissances multiples si utiles à un bon cultivateur il faut que, dès l'enfance, il cherche à ajouter certaines qualités spéciales qui, bonnes dans toutes les positions de la vie, lui sont, pour ainsi dire, indispensables.

Ainsi, il faut qu'il soit actif, laborieux, le premier levé, le dernier couché de sa maison ; qu'il soit tempérant, qu'il sache commander, — on ne commande bien que ce que l'on sait faire soi-même, — acheter et vendre ; qu'il soit enfin commerçant et industriel à la fois, et qu'il ne perde pas de vue que son but doit être, comme celui de tout négociant ou manufacturier, de produire le plus possible en dépensant relativement le moins possible.

4. Pour atteindre ce but, un bon cultivateur tiendra exactement note de ses recettes et de ses dépenses, ainsi que de toutes ses opérations un peu importantes. Ce travail, s'il le fait régulièrement, ne lui prendra que quelques instants par soirée, lui permettra de se rendre facilement compte de sa position, et de savoir quelles sont, à la fin de l'année, les parties de son exploitation qui lui offrent les meilleurs résultats.

C'est l'enregistrement régulier de tous les faits d'une culture qui constitue ce qu'on en appelle la *comptabilité*. Or, sans comptabilité, pas d'ordre ni d'économie, et sans ces deux précieuses qualités, pas d'agriculture sérieuse. Cette partie des devoirs du cultivateur est trop souvent négligée dans notre département.

5. Très utile à la masse, puisqu'elle a pour but de la nourrir, l'agriculture, qu'on en soit bien convaincu, est avantageuse à l'individu à qui elle procure force, santé, indépendance et liberté. Lorsqu'elle est pratiquée avec intelligence et méthode, elle donne des résultats qui, pour être moins brillants que ceux que l'on obtient quelquefois dans d'autres positions, sont, en général, plus sûrs et plus durables.

Celui que pousse une noble ambition, celui qui veut voir son nom lui survivre, peut sûrement atteindre ce but s'il s'adonne avec zèle, avec ardeur, à la science agricole. Le temps n'est plus, grâce aux progrès réalisés, où travailler la terre était une sorte de honte, où *paysan* était presque synonyne de *brute*; aujourd'hui le paysan est honoré, estimé comme il le mérite; il est citoyen, il a sa place au soleil, et on glorifie les noms des hommes qui par leurs travaux, leurs écrits, ont fait progresser l'agriculture. Ne sont-ils pas universels à présent les noms d'*Olivier de Serres*, l'auteur du premier ouvrage d'agriculture raisonnée publié en France (1); de *Parmentier* à qui nous devons la pomme de terre, de *Daubenton* qui a doté la France du mouton mérinos et d'excellentes instructions sur les troupeaux, de *Mathieu de Dombasle* qui, non loin de nous, à Roville, près de Nancy, fonda, dans sa ferme, une école d'agriculture d'où sortent de très bons sujets, et, entre autres progrès qu'il réalisa, perfectionna la machinerie agricole; de *Franklin* qui vulgarisa l'emploi du plâtre, etc. ? Et les de *Gasparin*, les *Magne*, les *Barral*, les *Joigneaux*, les *Déherain* et tant d'autres, pour ne parler que de la France, qui de nos jours marchent à la renommée en con-

(1) Au moment où nous préparons cette 2ᵉ édition, mai 1882, la ville d'Aubenas inaugure la statue d'*Olivier de Serres*.
M. Pasteur, un autre savant à qui l'agriculture devra une merveilleuse découverte dont nous parlerons aux *animaux domestiques*, avait été invité à présider cette fête.
M. le Préfet de l'Ardèche, après l'éloge d'*Olivier de Serres* fait par M. Barral, a remis au nom du Gouvernement à M. Pasteur le grand cordon de la Légion d'honneur.

sacrant leur travail, leur fortune, leur talent à l'agricul-ture ? Le temps n'est pas éloigné où il sera plus glorieux d'avoir fertilisé une contrée par de bonnes méthodes cul-turales enseignées ou appliquées, par l'introduction d'une petite plante nouvelle, que de l'avoir saccagée par la guerre, cette chose horrible qui ne doit avoir qu'un seul motif : la défense de l'honneur et du sol de la patrie.

Questionnaire.

1. Qu'est-ce que l'agriculture ? — 2. L'instruction est-elle né-cessaire à un cultivateur ? — 3. Quelles connaissances et quelles qualités le cultivateur doit-il surtout chercher à acquérir ? — 4. Qu'est-ce que la comptabilité et quel est son but ? — 5. L'a-griculture, outre l'intérêt général qu'elle sert si bien, ne peut-elle satisfaire aussi l'intérêt particulier de celui qui s'y livre, au double point de vue des bénéfices et de la renommée ?

CHAPITRE II

DE L'EXPLOITATION DU SOL.

1. L'exploitation du sol a lieu de diverses manières ;
quelquefois le propriétaire cultive lui-même, c'est la meil-
[leure] des conditions ; peuvent, au contraire, la propriét...

La ferme.

... d'autres, au moyen d'un contrat qu'on appelle ...
... le droit de cultiver ses terres.
... C'est donc la convention par laquelle ...
... remet à un preneur qui alors prend le ...

fermier ou de *métayer*, pour un temps déterminé et moyennant certaines conditions de payement, la jouissance d'une propriété.

Il y a une différence entre le *fermier* et le *métayer*. Un *fermier* est un cultivateur qui, par bail, amodie, loue, afferme un domaine pour un temps plus ou moins long, moyennant une redevance annuelle en argent ou en denrées, ou moitié argent et moitié denrées.

Un *métayer* ne prend pas, comme le fermier, une terre à bail à ses risques et périls, moyennant un prix convenu ; il ne paye qu'en donnant une partie de la récolte obtenue, la moitié souvent. Du reste, les conditions du métayage varient avec les localités : tantôt le métayer ne fournit que son travail, tantôt il y ajoute ses outils et ses instruments. Ici il doit posséder les animaux nécessaires à l'exploitation, ailleurs il ne fournit que les semences. En général, la convention n'est faite que pour un an, et le propriétaire, à la fin de l'année, partage avec le métayer les pertes et les bénéfices.

Dans la Haute-Saône, le métayage n'existe pas en agriculture ; mais la vigne, assez souvent, se fait à *moitié*, c'est-à-dire que le propriétaire fournit les engrais, les *paisseaux* ou *échalas* ; il paye à part les fosses, et le vigneron donne à la vigne les autres façons dont elle a besoin. Il devient, en ce cas, un véritable *métayer*, et, comme lui, le plus souvent, ne traite que pour un an. La récolte est partagée par moitié.

Ce mode d'affermage n'est avantageux, à mon avis, ni pour le propriétaire ni pour le métayer, parce que l'intérêt de ce dernier n'est que peu stimulé par l'espoir d'une récolte partagée, et qu'incertain de l'avenir, par le peu de durée de son engagement, il ne fait aucun sacrifice. De son côté, le propriétaire n'en fait pas non plus, parce qu'il n sera pas seul à en profiter. D'où peu d'améliorations et pas de progrès.

Bien que le bail à cheptel soit peu en usage dans la Haute-Saône, nous croyons devoir en parler, parce qu'il peut être quelquefois avantageux d'y avoir recours. On appelle *bail à cheptel* (chetel) un contrat par lequel l'une des parties donne à l'autre un fonds de bétail pour le garder, le nourrir et le soigner dans les conditions convenues entre elles. Il y a plusieurs sortes de cheptel : le cheptel simple, le cheptel à moitié et le cheptel donné au fermier; on appelle quelquefois ce dernier *cheptel de fer*.

Le *cheptel simple* est un contrat par lequel on donne à un autre des bestiaux à garder, nourrir et soigner, à condition que le preneur profitera de la moitié du croît et qu'il supportera aussi la moitié de la perte.

Le *cheptel à moitié* est une société dans laquelle chacun des contractants fournit la moitié des bestiaux, qui alors sont communs pour la perte et pour les bénéfices.

Le cheptel donné à moitié, *cheptel de fer*, est celui par lequel le propriétaire d'une ferme la donne à bail à cette condition qu'à l'expiration, le fermier laissera des bestiaux d'une valeur égale au prix de l'estimation de ceux qu'il aura reçus.

En général, le cheptel, quelle que soit sa forme, n'est pas avantageux au fermier : c'est de l'argent à gros intérêts. Cependant, s'il dispose de beaucoup de nourriture, qu'il lui faille beaucoup de fumier, et qu'il n'ait pas l'argent nécessaire pour se procurer des bestiaux, il peut lui être bon d'en prendre à *cheptel*.

Revenons aux baux de ferme ordinaires; leur durée est très variable et, dans notre pays presque toujours trop courte, autant pour le propriétaire que pour le fermier, pour le fermier surtout; car il faut, pour qu'un fermier puisse maintenir ou améliorer la terre qu'il détient, qu'il soit assuré d'en jouir assez longtemps pour se couvrir des frais qu'il pourra faire; autrement il dépenserait, sans profit pour lui, une partie de ses ressources.

Quant au propriétaire, il a un grand intérêt à ce que sa propriété soit entretenue en bon état ; ce qui n'arrive presque jamais avec un bail de courte durée.

3. On entend par *capital*, en économie agricole, l'argent que doit avoir à sa disposition celui qui entreprend une culture, soit comme propriétaire, soit comme fermier.

Ce capital d'exploitation est indispensable ; car lorsqu'il manque ou n'est pas suffisant, on ne peut tirer de son travail le profit qu'on devait en attendre. N'avoir pas de fonds de roulement par devers soi, c'est comme si l'on n'avait pas de charrue. L'agriculteur ne peut faire d'avances pour main d'œuvre, sarclages, engrais, litières, etc. ; il ne peut remplacer une vache, un bœuf ou un cheval qui périssent ; il est forcé de vendre vite, au rabais par conséquent, et ne peut profiter d'aucune bonne occasion pour acheter ce dont il a besoin, parce qu'il ne le peut faire au comptant.

Dans nos pays, et malheureusement aussi un peu partout, les fermiers sont très disposés à prendre des fermes trop considérables pour le capital dont ils disposent. Il en résulte que tels qui ont peine à vivre en travaillant beaucoup sur de trop grandes fermes, feraient de bonnes affaires avec moins de peines sur des fermes de moindre importance. Faisons plutôt de la bonne que de la grande culture.

On ne peut trop déterminer l'importance du *capital* nécessaire ; elle dépend des conditions particulières à chaque culture, de l'étendue de l'exploitation, des débouchés, des plantes que l'on cultivera, du bétail que l'on voudra élever ou engraisser, etc., etc.

Si l'on veut créer des prairies sur des terrains plats et fermes, il faudra de 300 à 350 francs par hectare. Beaucoup disent, et nous sommes de cet avis, qu'avec un assolement triennal il faut la même somme à peu près. Il s'augmentera de 100 à 150 francs par hectare pour un assolement de quatre ans.

Dans certaines contrées qui suivent un assolement où prédominent les fourrages consommés dans la ferme, le capital nécessaire, tout compris, ne devrait guère être inférieur à 700 ou 800 francs par hectare.

En général, dans la Haute-Saône, il varie de 250 à 400 francs par hectare. Et, si l'on remplace les chevaux par des bœufs en donnant une grande place aux prairies, on peut avec 4.000 ou 5.000 francs entreprendre une culture d'une charrue ; on estime qu'il faut pour une charrue, dans les conditions de morcellement et de difficultés où se trouvent ordinairement, dans ce pays, les terres d'une exploitation, 15 hectares environ.

4. On appelle *terres morcelées* celles qui, appartenant à une même exploitation, sont divisées en petites parcelles souvent très éloignées les unes des autres. On perd et beaucoup de temps et beaucoup d'argent lorsque l'on cultive des terres de cette sorte, parce qu'il faut toujours courir d'une pièce à l'autre, et qu'elles ne peuvent être surveillées. Sans augmenter ses récoltes, on augmente ainsi beaucoup ses frais.

Il ne faut donc rien négliger pour arriver à grouper, à réunir les terres de son exploitation ; cette manière d'opérer est déjà comprise par beaucoup de cultivateurs ; il importe de la généraliser de plus en plus. C'est aux enfants d'y veiller dans l'avenir, alors surtout qu'il s'agira de partager des successions.

Questionnaire.

1. Comment se fait l'exploitation du sol ? — 2. Expliquez-nous les diverses natures de baux, quelles différences il y a entre le fermier et le métayer. — 3. Qu'est-ce que le capital, et quel est son rôle en agriculture. — 4. Quel est l'inconvénient des terres morcelées ?

CHAPITRE III

1. On appelle *végétaux* ou *plantes* tout ce qui croît à la surface de la terre et qui tient au sol par des racines.

Les plantes sont formées de deux matières : les unes, combustibles, sont appelées *organiques* ; et les autres, incombustibles, sont appelées *inorganiques*.

On se rend facilement compte de cette distinction en brûlant, par exemple, à la flamme d'une lumière un morceau de bois ou un brin de paille : la plus grande partie sera entièrement consumée, c'est la partie *organique*, tandis qu'une faible quantité restera sous forme de cendres, c'est la partie *inorganique* (2 et 3 % à peu près.)

La partie organique des plantes se compose de divers éléments qui produisent, en se combinant, les principales matières que l'on rencontre dans les plantes, et qui sont : le *gluten*, la *fécule*, le *sucre*, la *gomme*, le *ligneux*, les *huiles*, l'*albumine*, etc.

Les plantes, comme les animaux, vivent d'une vie qui leur est propre, et dont les fonctions s'accomplissent au moyen de parties, appropriées à cette destination, qu'on nomme leurs *organes*.

Elles ne sont pas toutes organisées de la même façon : les unes sont très simples, d'autres très compliquées. Une plante est complète quand elle possède tous les organes

Tubéreuses ou *tuberculeuses :* topinambour, avoine à chapelet, etc.;

Rameuses : arbres, arbustes, etc.

La *tige* est la partie qui s'élève hors du sol, elle porte en bas les racines, et en haut les feuilles, les fleurs et les fruits.

Les *feuilles*, presque toujours vertes, sont les organes les plus importants du végétal ; ce sont eux qui prennent dans l'air la plus grande partie de la nourriture de la plante ; les feuilles poussent sur les tiges et sur les rameaux ; avant leur développement, on les appelle *bourgeons*. Il y a

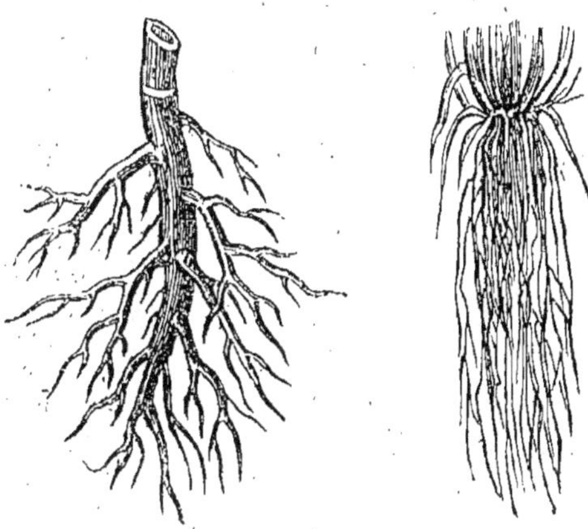

aussi des bourgeons qui donnent naissance à des fruits.

On appelle *fleurs* la partie plus ou moins brillante de la plante où se forme le *fruit*, qui renferme la *graine*.

La *graine* est la partie du fruit qui renferme le *germe* destiné à reproduire la plante.

Elle se compose toujours de l'enveloppe et de l'*amande ;* l'amande est la partie plus ou moins charnue, plus ou moins bonne à manger et à utiliser qui renferme le *germe*, lequel, nous l'avons dit, est l'élément d'une nouvelle plante.

2. *Germination*.— Les végétaux se reproduisent princi-

Tiges, feuilles, fleurs et graines de maïs.

palement par leurs graines ; beaucoup cependant se multiplient au moyen des *branches*, des *bourgeons*, sous le nom de *marcottes, boutures ;* d'autres encore par leurs *tubercules*, leurs *bulbes :* la *pomme de terre*, par exemple.

Le phénomène de la reproduction des plantes est des plus intéressants ; mais son explication nous entraînerait dans de trop longs détails ; nous dirons seulement que lorsque la graine, parvenue à maturité, est mise dans une terre convenablement préparée, elle se ramollit, se gonfle

2

essentiels, savoir : les *racines*, la *tige*, les *feuilles*, le^s
fleurs, le *fruit* qui contient la *semence*.

Les *racines* sont la partie du végétal qui plonge dans le
sol, sert à y fixer la plante et qui, en même temps, doit

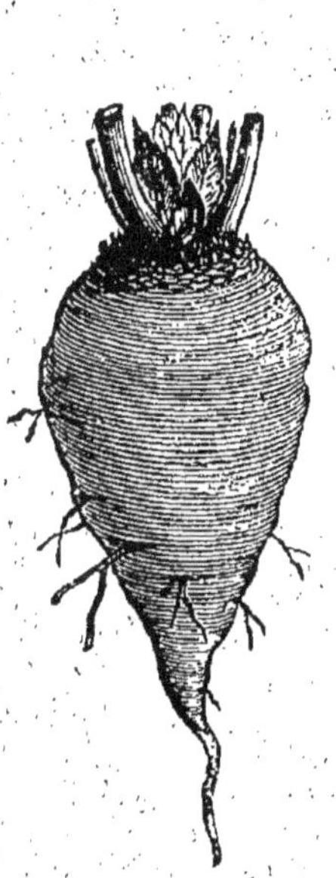

Racine pivotante
Betterave.

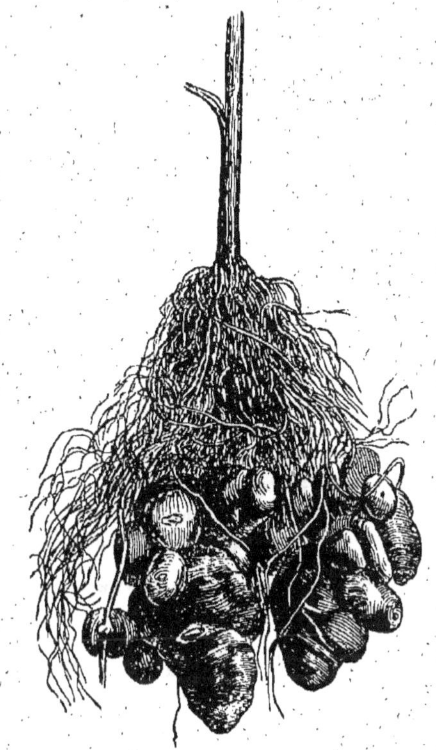

Racine tuberculeuse Topinembourg.

prendre dans la terre une partie de la nourriture qui lui
est nécessaire.

Les racines sont de diverses sortes :

Pivotantes : betteraves, carottes, etc.;

Traçantes ou *fibreuses* : blé, seigle, etc.;

au bout d'un certain temps sous l'influence de l'eau, de la chaleur, de l'air et probablement aussi de l'électricité ; son enveloppe se déchire et laisse échapper un germe dont une partie se dirige vers le centre de la terre et dont l'autre s'élève hors le sol ; celle-ci formera la tige, et l'autre sera la racine. La *germination* alors est faite.

Végétation.—Les végétaux croissent et se développent, comme les animaux, en s'appropriant une nourriture convenable qu'ils puisent dans l'*air* par leurs feuilles, et dans le *sol* par leurs racines.

C'est au moyen d'un nombre infini de petites ouvertures ou *pores* dont les feuilles sont pourvues à leurs surfaces, que les plantes prennent dans l'air une partie de leur nourriture : *vapeur d'eau, gaz,* etc.

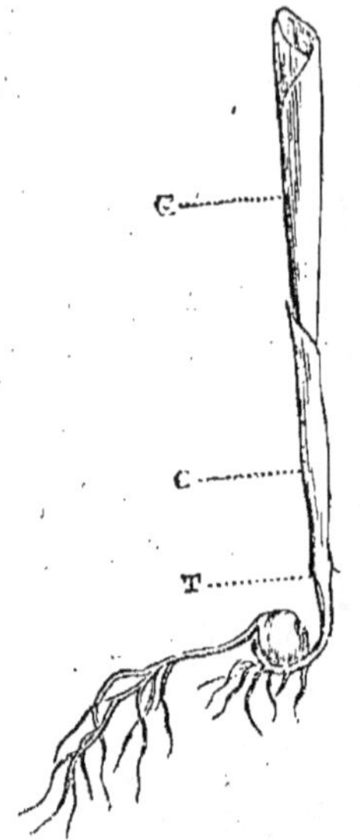

Germination du maïs.

Les racines, de leur côté, vont chercher dans le sol l'eau et les matières organiques et minérales dont elles ont besoin pour croître et se développer.

Puis toutes ces diverses matières réunies sont, par la force végétale, transformées en *sève.*

3. *Sève.* — Presque tous les auteurs qui ont écrit sur les plantes disent que la *sève* se divise en deux courants contraires, l'un *ascendant*, l'autre *descendant*, qu'ils expliquent ainsi : La sève formée dans la tige monte jusqu'aux feuilles, elle est alors *ascendante* ou *brute ;* arrivée là, elle se complète en rejetant ce qu'elle a de trop, et en prenant à l'air ce qui lui manque ; puis elle retourne aux racines et devient, dans ce cas, la sève *descendante ;*

...nais dans le trajet elle est devenue bois, fleurs, graines nouvelles.

Cependant de nombreuses expériences sont venues, depuis quelque temps, nous prouver que l'expression de *sève ascendante* n'est pas irréprochable, et que celle de *sève descendante* est essentiellement vicieuse.

Pendant l'époque végétative il y a, en effet, un courant séveux provoqué par un grand nombre de forces que nous ne détaillerons pas, qui se rend des racines au sommet du végétal ; mais dans les plantes rampantes, dans les arbres pleureurs, cette sève n'est plus *ascendante*. Il est bien vrai également que les feuilles, sous l'influence de la lumière, sont chargées de fournir de la sève complète et nutritive destinée à l'accroissement du végétal ou à former des *dépôts temporaires ;* mais elle pourra, dans ces conditions, suivre aussi souvent une marche ascendante qu'une marche descendante. Il faudrait, pour éclairer complètement ce fait, expliquer, plus longuement que nous ne l'avons fait jusqu'ici, comment se forment les tissus végétaux ; mais les bornes de cet ouvrage ne nous permettent pas d'entrer dans ces détails, qui sortiraient de notre cadre Nous dirons seulement que les *courants de sève nutritive se dirigent dans tous les sens ;* et que, par conséquent, ils sont tantôt *ascendants,* tantôt *descendants.* Ainsi, dans une foule de plantes, la sève élaborée se rend à tous les points végétatifs : de bas en haut pour l'allongement des bourgeons, de haut en bas pour celui des racines et pour l'accroissement en diamètre. Si, comme dans la *pomme de terre*, le *topinambour,* etc., la sève se dirige vers un lieu de dépôt temporaire, nous voyons ce courant se diriger de bas en haut pour la graine, de haut en bas pour le tubercule, la bulbe, ou, en général, pour la souche des plantes. Ne voit-on pas souvent, dans un taillis, des souches qui émettent des jets vigoureux qui, certainement, ne sont pas dus à la sève descendante?

Ce qu'il y a pour nous de bien certain, c'est que la sève, une fois qu'elle est élaborée, agit dans un sens aussi bien que dans un autre, et qu'elle est aussi nécessaire à la vie des plantes que le sang l'est à la vie de l'animal.

Toutes les influences atmosphériques, la *chaleur*, *l'eau*, la *lumière*, *l'électricité*, etc., agissent sur la végétation à des degrés divers, mais d'une façon continue.

4. Disons quelques mots des principales de ces influences qui, réunies dans telles ou telles conditions, constituent ce que l'on appelle les *climats*, toujours si variés. Il faut, avant d'entreprendre une culture, les bien étudier, afin de cultiver les plantes qui leur conviennent le mieux.

La chaleur.—Elle est indispensable à la végétation; c'est elle qui met la sève en mouvement, qui fait pousser les feuilles, ouvrir les fleurs et mûrir les fruits. Chaque plante, pour prospérer, en exige une quantité déterminée dont il importe de se rendre compte pour la cultiver avantageusement.

La chaleur, l'âme de la végétation, en est quelquefois la ruine : c'est lorsqu'elle est trop vive et dure trop longtemps ; alors elle fatigue les plantes auxquelles elle enlève l'eau de la végétation, les feuilles se rident, et, pour les sauver, il faut arroser.

La chaleur vive du soleil est mauvaise pour les plantes après une gelée blanche, après un arrosage, parce que pendant la vaporisation de l'eau il se produit un brusque refroidissement.

L'eau.—L'eau n'est pas moins nécessaire que la chaleur à la vie des plantes qui ne peuvent, sans elle, se développer convenablement ; elles en puisent dans le sol des quantités considérables dont une partie reste pour gorger les tissus et les maintenir vivants : le reste est évaporé par les organes verts.

Si le végétal ne trouve pas les quantités de liquide nécessaires à son accroissement et à son évaporation, ses tissus se dessèchent et il meurt promptement, si l'on n'arrose pas.

Là ne se borne pas l'action de l'eau ; elle dissout les matières utiles, les engrais que nous donnons aux plantes pour activer leur végétation. Un engrais non dissous est inutile au végétal.

La lumière.—La lumière convient largement à l'accroissement et à la vie des plantes puisqu'elle est indispensable à la formation de la partie verte du feuillage par où les plantes respirent. Sans lumière les plantes restent jaunes et s'étiolent.

L'électricité. — L'électricité est partout et dans tout ; chacun sait que c'est elle qui fait les éclairs et le tonnerre ; mais malgré les progrès dont, depuis quelques années, elle a été l'objet, nous la connaissons encore si peu que nous ne savons trop comment elle agit sur la végétation. Est-ce directement ? ou n'est-ce pas plutôt indirectement en formant des engrais avec des éléments qu'elle prend dans l'air ou dans la terre ? Ce qu'il y a de certain, c'est qu'après un orage la végétation est toujours plus active. Nous reviendrons sur cette force immense qui est appelée, sous des formes multiples, à rendre d'immenses services à l'agriculture.

5. On divise les plantes agricoles en 3 grandes séries : 1° *les céréales* ; 2° *les plantes fourragères* ; 3° *les plantes industrielles* (1).

---

(1) Cette division très simple, facile à retenir, a l'avantage de classer plus complètement chaque plante suivant sa vraie destination. Dans les classifications ordinaires il n'en est pas ainsi : la même plante, comme le *lin*, par exemple, est en même temps *textile* et *oléagineuse.*

On entend par *céréales* le *froment* ou *blé*, le *seigle*, l'*orge*, l'*avoine*, le *maïs*, le *riz*, le *sarrasin*.

Les plantes *fourragères* comprennent toutes celles qui forment la base des prairies naturelles et artificielles, les *trèfles*, le *sainfoin*, la *luzerne*, etc., que ces produits soient employés verts ou secs.

Nous appelons plantes *industrielles* toutes les plantes qui peuvent être transformées par l'industrie : la *bette-rave*, le *houblon*, le *colza*, la *pomme de terre*, l'*œillette*, etc.

Questionnaire.

1. Qu'est-ce que les végétaux? comment se forment-ils et comment sont-ils organisés ? Quelles sont les parties constitutives de la plante ? — 2. Expliquez-nous la germination et la végétation. — 3. Qu'est-ce que la sève et comment opère-t-elle ? — 4. Qu'appelle-t-on climats ? Dites-nous l'influence de la chaleur, de l'eau en agriculture. Dites-nous aussi celle de la lumière et de l'électricité. Comment se divisent les plantes ?

CHAPITRE IV

1. On appelle *terrain* la couche du sol superficielle, plus ou moins épaisse, dans laquelle les plantes enfoncent leurs racines.

2. La couche végétale, ou *terre arable*, est un mélange de débris de roches réduites en poussière et de matières organiques accumulées successivement par les plantes et les animaux qui y vécurent à différentes époques.

Elle se compose de quatre parties principales, diversement mélangées, qui sont : le *sable*, l'*argile*, le *calcaire* et l'*humus*.

Le sable est une poussière formée de petits fragments de cailloux, de grès, etc. On appelle terre *sableuse* ou *sablonneuse* celle où cette matière domine. Elle est *siliceuse* quand c'est la *silice* qui domine ; or, la silice est très commune ; elle existe presque partout dans le sol ; les pierres à fusil, les grès, le sable dont on fait le verre, le cristal de roche, sont composés de silice plus ou moins pure. C'est elle qui use le fer des instruments de culture. Quand elle n'est pas trop abondante, elle est utile au sol qu'elle divise ; elle donne aussi, dit-on, de la force aux tiges des plantes.

L'*argile* est une terre compacte, *blanchâtre* ou *jaunâtre*, quelquefois *rougeâtre*, suivant la nature des éléments qui la composent. Nous avons dans la Haute-Saône beaucoup d'argiles rougeâtres, parce que, presque partout, on trouve du fer en grande quantité ; elle sert à fabriquer la brique, la poterie ; elle est la base des *terres argileuses*. Elle se reconnaît facilement : elle se colle sur la langue comme de la pâte, et répand une mauvaise odeur si on en chauffe, avec son haleine, un petit morceau dans sa main. L'argile se crevasse facilement quand il fait sec, et garde l'eau longtemps quand il pleut. On donne aux terres argileuses les noms de *terres fortes, terres froides, herbues*.

Le *calcaire* est un corps composé d'acide carbonique et de chaux ; il est très commun : c'est la base des marbres, des pierres de taille et des craies. On appelle *terres calcaires* celles où ce produit domine.

L'*humus* ou *terreau* est formé par la décomposition lente des matières végétales et animales. Cette matière est très utile dans le sol ; elle fournit aux plantes une bonne partie de leur nourriture. Un terrain qui ne renfermerait que l'une ou l'autre de ces quatre matières ne serait pas fertile ; celui qui les renferme toutes, par portions égales ou à peu près, est le meilleur ; il forme ce que l'on appelle les *terres franches*. Ces terres ont une bonne odeur fraîche et agréable quand elles sont nouvellement bêchées.

En général, il n'en est pas ainsi ; elles ont, les unes plus d'argile, les autres plus de sable, de chaux ou d'humus, et constituent, ainsi que nous l'avons dit déjà, suivant que l'un ou l'autre de ces corps domine, les terres *argileuses, sableuses* ou *calcaires*, que l'on utilise telles quelles pour la culture, en donnant à chacune autant que possible les plantes à qui elles conviennent le mieux. Ainsi, les *choux*, les *trèfles*, les *fèves*, les *blés* se plaisent dans des terrains *argileux*. La *pomme de terre, la carotte*, etc., aiment mieux des terres *sableuses*; le *sainfoin* vient parfaitement dans les terres calcaires.

A ces sortes de terres, il faut ajouter les terres *humifères*, qui se divisent elles-mêmes en terrains à *tourbe* et en terrains *marécageux*.

La *tourbe* est une matière formée de débris de racines et de plantes pourries sous l'eau et converties en une masse noirâtre et combustible.

On appelle *terrains marécageux* les terres mouillées et humides.

Nous avons encore les terres dites d'*alluvions*; elles sont formées par des dépôts de vase, de sable, amenés sur les bords de la mer et des rivières par les crues d'eau ou les *inondations*. Il y a des alluvions de date ancienne, et des alluvions de date récente.

On simplifie encore toutes ces classifications des sols en les divisant en terres *fortes* et en terres *légères*.

L'argile domine dans les terres fortes, et le sable dans les terres légères.

3. *Sous-sol.*—La terre placée au-dessous de la terre végétale s'appelle *sous-sol*; elle est *perméable* quand elle peut être traversée par l'eau et *imperméable* dans le cas contraire.

Le rôle du sous-sol est très important: on peut corriger ou augmenter la couche végétale en amenant par des labours le sous-sol à la surface; ainsi une terre sableuse se mélangera avantageusement avec la terre d'un sous-sol argileux ou calcaire, et réciproquement. Le sous-sol agit aussi suivant qu'il est ou n'est pas perméable.

4. Nous avons parlé des préférences qu'ont certaines plantes pour certains sols; elles sont telles que l'on peut facilement reconnaître quelle espèce de sol on a devant soi, en regardant quelles sont les plantes sauvages qui y poussent spontanément:

Dans les terrains argileux : la *chicorée sauvage*, l'*anotte* ou *arnotte*, le *sureau-yèble*, la *fougère*, le *chiendent*;

Dans les terrains sableux : l'*oseille petite*, la *véronique du printemps*, le *réséda jaune*, l'*orpin*, le *serpolet*; cependant, mais rarement, ce dernier se trouve dans les terres calcaires ;

Dans les terrains calcaires : la *gentiane*, le *buis*, le *chardon*, le *coquelicot*, le *pied-d'alouette*, etc., etc. ;

Dans les terrains tourbeux se rencontrent : la *laiche bourbeuse*, le *chou blanc*, l'*herbe à coton*, etc. ;

Dans les terrains marécageux : le *trèfle blanc*, la *menthe*, la *valériane*, les *joncs*, etc.

Disons quelques mots du département de la Haute-Saône et de ses principales cultures.

5. Le département de la Haute-Saône est divisé en 3 arrondissements : Vesoul, Lure, Gray, 28 cantons et 583 communes. Sa population est de 295.905 habitants, d'après le recensement de 1881.

Elle est ainsi répartie :

Arrondissement de Vesoul..........	94.907 habitants.
— Gray............	71.322 —
— Lure..........	129.676 —
Total égal..........	295.905 —

En 1861, la population totale du département était de 317.183 habitants. Cette diminution, plus de 21.000 habitants en 20 ans, est considérable ; elle pèse absolument sur les campagnes, puisque celle des villes a augmenté, ainsi qu'on le peut voir par le tableau suivant :

	1861	1881
Vesoul......	7.579 habitants.	9.553 habitants.
Gray........	7.051 —	7.254 —
Lure........	3.537 —	4.360 —

Cette dépopulation vraiment désastreuse tient pour beaucoup à l'infériorité de notre agriculture. Cependant notre sol est généralement bon; on en peut doubler la production si l'on consent enfin à rompre avec la routine pour cultiver intelligemment. Que faut-il pour cela? répandre l'instruction, ainsi que le veut la nouvelle et bienfaisante loi qui la rend obligatoire et gratuite; surtout, que les instituteurs s'occupent sérieusement de l'enseignement agricole, qu'il ne soit pas obligatoire seulement sur le papier. Ils ont là une véritable mission sociale à remplir, et nous sommes sûr qu'ils la rempliront avec leur dévouement ordinaire.

Le département de la Haute-Saône doit son nom à sa situation sur le cours supérieur de la Saône qui le traverse dans la direction du nord au sud, entre Jonvelle et Conflandey, et dans la direction du nord-est au sud-ouest entre Conflandey et Broye-les-Pesmes. Il se compose de la partie septentrionale de l'ancienne province de Franche-Comté et se divise en deux régions distinctes : la région occidentale, formée des arrondissements de Vesoul et Gray, est arrosée par la Saône et ses affluents; on y rencontre des plaines riches et fertiles, de vastes prairies et des coteaux cultivés dont la vigne occupe une grande partie ;

La région orientale embrasse l'arrondissement de Lure: c'est un pays des plus pittoresques.

6. Le sol de la première région (Vesoul et Gray) est tantôt argileux ou siliceux, tantôt calcaire; il convient surtout au *blé* dont la production dépasse un million d'hectolitres. Viennent ensuite l'*avoine*, les *pommes de terre*, le *méteil*, l'*orge*, le *seigle*, la *vigne*, les *plantes oléagineuses*, le *maïs*, le *sarrasin*, le *tabac*, la *betterave*.

On compte dans le département environ 12.000 hectares

de vignes, dont plus des 3/4 dans les arrondissements de
Vesoul et de Gray ; la partie Est de l'arrondissement de
Lure n'en a pas ; elles donnent en moyenne, à l'hectare,
de 30 à 35 hectolitres de vins dont quelques-uns jouissent,
dans le pays, d'une réputation méritée.

La culture du tabac est autorisée dans le département ;
elle a prospéré pendant quelque temps dans les arrondissements de Vesoul et de Gray, mais depuis plusieurs
années elle a considérablement diminué.

Pendant assez longtemps on y a fait de la betterave à
sucre ; elle y végétait bien, donnait du poids et du sucre,
et par conséquent était avantageuse et pour le cultivateur
et pour le fabricant. Il est bien regrettable pour le pays,
qui en aurait vu sa fortune agricole considérablement
s'accroître, que les fabriques de sucre qui s'y sont élevées
aient dû successivement s'arrêter pour des causes diverses,
mais étrangères à la valeur intrinsèque de la betterave.
Nous faisons des vœux pour que cette industrie soit reprise, car nous savons combien elle pousse aux progrès
agricoles et quelle richesse elle apporte là où elle existe.

Les belles prairies naturelles qui, dans les mêmes contrées, bordent le cours de la Saône, de l'Ognon, de la
Mance, de la Superbe et du Durgeon, etc., fournissent de
très bons pâturages, mais sont peu ou mal irriguées. Les
prairies artificielles — comme conséquence — y sont peu
répandues.

Dans la région orientale, arrondissement de Lure, la
culture pastorale domine ; puis viennent les seigles, les
pommes de terre, etc. Sur les parties qui avoisinent les
Vosges, dans le canton de Saint-Loup notamment, il y a
de vastes plantations de *merisiers* (1) dont le fruit sert à

____

(1) Espèce du genre *cerisier*.

une très importante fabrication de kirsch très estimé, qui est distillé à Fougerolles, Clairegoutte et aux environs.

La Haute-Saône est soumise au climat rhodanien, l'un des sept entre lesquels on a l'habitude de partager la France. Bien que tempéré, le climat du département est des plus variés ; cela tient aux altitudes très différentes de ses diverses parties : ainsi, le point le plus bas (Broyes-les-Pesmes) est à 186 mètres seulement au-dessus du niveau de la mer, tandis que le point le plus élevé (ballon de Servance) est à 1.200 mètres ; or, un endroit est d'autant plus froid, d'autant plus sujet aux brusques variations de l'atmosphère, qu'il est plus élevé. Tel est le cas d'une partie de l'arrondissement de Lure, celle du nord-est, surtout par rapport au reste du département.

Par contre, les parties les plus chaudes, les plus agréables à habiter sont dans la région occidentale, sur la basse Saône et le bas Ognon.

En somme, la Haute-Saône est un pays très productif, mais qui produira beaucoup plus lorsque les progrès agricoles qui apparaissent déjà par-ci par-là se seront généralisés ; lorsque l'assolement triennal avec jachère qui laisse, chaque année, une certaine étendue de terres improductives, et qui est encore trop suivi, aura fait place à l'assolement libre qui est à la fois le plus rationnel et le plus avantageux, et lorsque plus résolument on adoptera les bonnes méthodes et les instruments perfectionnés.

Son étendue, d'après le cadastre, est de 536.698 hectares.

Terres labourables........	259.000	hectares.
Prés....................	63.000	—
Vignes..................	12.000	—
Bois....................	154.000	—
Landes et friches........	35.000	—
	523.000	—

Le reste est occupé par les chemins, les routes, les propriétés bâties, les places publiques, etc.

Dans les bois les essences qui dominent sont le chêne, le charme, le hêtre et les essences résineuses.

Les terres labourables, en 1881, étaient réparties ainsi qu'il suit :

	Hectares.
Blé	68.157
Méteil	7.452
Seigle	11.727
Orge	8.554
Avoine	56.152
Maïs	1.813
Sarrasin	1.563
Millet	6
Pommes de terre	20.949
Cultures potagères	1.942
Plantes oléagineuses	1.068
Tabac	52
Betteraves	699
Fourrages herbacés, fourrages de mer.	245
Prairies artificielles	17,943
Jachères et terres non cultivées (1)	60 640
Total	258.902

7. A côté de ces ressources agricoles, la Haute-Saône compte de nombreuses industries :

Usines métallurgiques, moulins, filatures, papeteries, verreries, scieries, distilleries, importante fabrique de pâtes alimentaires à Vesoul, etc. Quelques-uns de ces établissements jouissent d'une réputation méritée.

Le minerai de fer en grains et en roche y est très abondant ; on en trouve de l'un et de l'autre dans un très grand nombre de communes. C'était, il y a quelques années, une de ses grandes richesses ; mais, depuis presque tous les *fourneaux* qui le transformaient se sont successivement

(1) Cette quantité est beaucoup trop élevée. Qu'on ne l'oublie pas : aire de la jachère, c'est marcher à l'encontre du progrès.

éteints. Espérons que le gouvernement saura faire le nécessaire pour que ce magnifique et renommé produit, qui
s'appelle le *fer de Comté*, reprenne sur le marché européen
la belle place qu'il y a occupée pendant si longtemps.

Mine de houille.

Puis viennent, comme importance, les mines de sel
gemme qui sont exploitées à Gouhenans et à Melecey;
d'autres encore existent qui ne le sont pas; et enfin des
mines de houille réparties sur les communes de Corcelles,
Ronchamp, Vy-les-Lure, Champagney, Mourière, Malbou-
hans, Athesans et Gouhenans, déjà nommé.

Toutes ces mines sont situées dans l'arrondissement de
Lure, qui compense ainsi l'infériorité agricole de son sol
par ses richesses minérales et industrielles.

Nous avons parlé d'instruction : il y a encore beaucoup

à faire, puisque, dans l'ordre des départements suivant leur degré d'instruction, nous n'occupons guère que le neuvième rang. Et cependant nous devons constater que

Une école.

de grands efforts ont été faits, ainsi que le prouvent les nombreuses récompenses remportées aux expositions universelle et autres où il y a eu des concours pédagogiques.

Nous croyons utile de donner ici un petit tableau faisant connaître le nombre d'enfants des deux sexes qui fréquentent les diverses écoles.

	NOMBRE	
	d'Écoles.	d'Enfants.
Écoles de garçons........................	401	21.720
— de filles........................	418	20.122
— mixtes........................	266	9.970
— maternelles........................	53	5.375
Totaux........................	1.138	57.196

3. Ceci dit en ce qui regarde le département de la Haute-Saône, nous allons rentrer dans les considérations générales relatives à toutes les terres et à tous les pays.

Pour apprécier un terrain, il faut envisager si son exposition est en pente ou en plaine, au midi ou au nord; tenir compte de la profondeur du sol végétal, de sa nature, de sa couleur, de sa facilité à retenir l'eau, à absorber ou à repousser la chaleur.

Le voisinage des arbres à haute tige et touffus est mauvais à cause de l'ombre qu'ils projettent sur les récoltes, et aussi (quelquefois) à cause de leurs racines qui enlèvent au sol beaucoup de ses principes fertilisants.

Il faut, lorsqu'une propriété n'est pas close, la délimiter exactement et planter des bornes solides ; on évite ainsi des querelles et des procès avec ses voisins.

Si l'on ne veut épuiser le sol et le rendre tout à fait stérile, il ne faut pas le cultiver sans lui rien restituer. Nous l'avons dit déjà, les plantes prennent dans le sol la plus grande partie de leur nourriture, et comme toutes ne se nourrissent pas de la même façon, que celle-ci prend une substance et celle-là une autre, on comprend qu'à la fin l'approvisionnement doive s'épuiser, à moins qu'on ne fasse se succéder des récoltes de plantes différentes, et surtout qu'on ne rende au sol l'équivalent de ce qui lui a été pris. Cet équivalent s'appelle *fumier* ou *engrais*.

Questionnaire.

1. Qu'appelle-t-on terrain en agriculture ? — 2. Expliquez-nous ce que l'on entend par couche végétale, terre arable; quelles sont les diverses parties qui la composent, et quels noms portent les terres suivant leur composition ? — 3. Qu'est-ce que le sous-sol ? — 4. Ne peut-on reconnaître les différentes natures de terres par les plantes qui y poussent spontanément ? — 5. Comment se di-

vise le département de la Haute-Saône, et comment est-il situé ? — 6. Quelle est la nature de son sol, quelles sont ses principales cultures et quel est son climat ? — 7. Quelles sont ses ressources industrielles et minérales ? Degré d'instruction, nombre d'écoles et d'élèves. — 8. Faites-nous part de quelques observations générales s'appliquant à tous les sols et à tous les climats.

CHAPITRE V

AMENDEMENTS. — ENGRAIS.

ENGRAIS MINÉRAUX.

1. On confond souvent les amendements avec les engrais ; la différence est peu sensible en effet : certains amendements sont en même temps des engrais, et tous les engrais agissent comme amendements.

On peut dire, pour les distinguer, que les amendements agissent sur le sol en l'améliorant, et que les engrais agissent sur la plante en la nourrissant.

Amendements. — On appelle amendements tout ce qui, naturellement ou artificiellement, a pour but de préparer la terre à produire le plus possible : les *labours*, les *hersages*, qui divisent le sol, y font pénétrer l'air et la chaleur, les *fossés*, le *drainage*, le *sable* dans les terres argileuses, etc., sont des amendements.

Il est des matières qui sont plus particulièrement considérées comme amendements ; ce sont : la *chaux*, les *plâtres*, les *cendres*, les *salins* ; mais comme ces matières agissent aussi sur les plantes et sont, par conséquent, plus que des amendements, nous en parlerons aux *engrais.*

Engrais. — On appelle engrais toutes les matières qui, enfouies dans le sol, fournissent aux plantes une partie de leur nourriture.

Les aliments que les plantes prennent dans l'air par leurs feuilles, comme nous l'avons dit, se renouvellent sans cesse; il faut donc, au fur et à mesure qu'ils s'épuisent, renouveler ceux qu'elles prennent dans le sol avec leurs racines. C'est ce que font les engrais.

Une terre peut être épuisée pour une plante et ne pas l'être pour d'autres, et presque toujours elle produira d'autant mieux une plante que pendant plus longtemps elle n'en aura pas produit. Cette règle, qui est presque générale pour les plantes agricoles, subit une exception pour les arbres, pour la vigne, etc., qui persistent plus longtemps ; cela tient à ce que leurs longues racines leur permettent d'aller au loin chercher leur nourriture.

On divise encore les *engrais* en *engrais naturels* et en en *engrais artificiels*.

2. Les *engrais naturels* sont ceux qui n'ont subi d'autre préparation que celle du mélange et de la décomposition naturelle, et dans lesquels on retrouve, à première vue, les traces certaines des substances qui les composent.

Les *engrais artificiels* sont ceux qui, produits du travail et de la science de l'homme, et extraits de diverses matières qui ne peuvent être reconnues à la vue seulement, forment, pour ainsi dire, un corps nouveau.

Depuis quelques années, la fabrication des engrais artificiels a pris une considérable extension; il y en a de tous noms, de toutes couleurs et aussi de tous prix. Il est évident que si nous voulons, en France, augmenter sensiblement notre production, il nous faut des engrais artificiels pour remplacer les engrais naturels que nous sommes loin de produire en assez grande quantité ; nous ferons donc bien d'en ajouter à ceux-ci une certaine quantité ; mais nous devrons avoir le soin de les bien choisir, et pour cela, il faut, quand on achètera des engrais dits *de commerce*, exiger du marchand un certificat d'origine et une constatation de leur valeur par l'analyse chimique, analyse que l'on fera bien de faire contrôler à l'arrivée par un chimiste capable, ou mieux encore à la station agronomique que beaucoup de départements possèdent déjà. Espérons que bientôt celui de la Haute-Saône en aura une aussi.

3. Il y a cinq sortes d'engrais naturels :

1° Les *engrais minéraux* ; 2° les *engrais végétaux* ; 3° les *engrais animaux* ; 4° les *engrais mixtes* ou *animaux et végétaux* ; 5° les *composts*.

4. Les engrais minéraux se composent de matières terreuses, sableuses qui peuvent augmenter la richesse du sol ; les principaux et les plus anciennement connus sont : la *chaux*, la *marne*, le *plâtre* et les *salins*, dont nous avons déjà cité les noms parmi les amendements. Il est d'autres engrais minéraux plus récemment introduits dans la pratique agricole dont nous dirons aussi quelques mots.

5. La *chaux* est un bon amendement, presque un engrais ; elle convient à peu près à tous les sols, surtout à ceux qui sont nouvellement défrichés ; elle est bonne aussi sur les prairies aigres et les tourbières. On la répand à la fin de l'automne en couches régulières, on la laisse pendant quelques jours sur le sol avec lequel on la mélange ensuite au moyen de petits labours ou de fréquents hersages. Un chaulage de 40 à 50 hectolitres à l'hectare suffit, en général, dans la Haute-Saône, tous les six ou sept ans. Toutefois il ne faut pas chauler, si on ne fume pas en même temps.

Mieux la chaux est cuite, mieux elle agit. On reconnaît qu'elle est bien cuite, lorsque, mise dans un verre de fort vinaigre, elle bouillonne fortement.

6. *Marne*. — La marne est un mélange naturel d'argile et de calcaire. Pour la reconnaître, on fait sécher un morceau de la terre que l'on croit en être; on le partage en deux parties que l'on met chacune dans un verre à boire. Dans l'un, on verse de l'eau de manière à ne mouiller qu'à moitié le morceau; dans l'autre, on verse quelques gouttes de fort vinaigre. Si l'on a affaire à de la marne, le morceau mis dans l'eau se forme en pâte, et celui soumis au vinaigre bouillonne très fort.

Toutes les marnes ne sont pas également bonnes. La marne calcaire est la meilleure; elle vaut suivant qu'elle l'est plus ou moins; puis vient la sableuse, puis celle qui est argileuse.

Il faut, autant que possible, employer la marne sableuse dans les terres argileuses et réciproquement.

Pour s'en servir, on l'étend sur la terre, on l'y laisse jusqu'à ce qu'elle soit bien émiettée; puis on l'enterre par des labours et l'on donne une bonne demi-fumure. Quelques sortes de marnes ont besoin, pour être complètement *délitées*, c'est-à-dire réduites en petits morceaux, de rester à l'air pendant un et même quelquefois deux ou trois ans.

La quantité de marne à employer varie suivant la richesse de la marne en calcaire, la profondeur des labours, et suivant la quantité de calcaire qui se trouve dans le sol. On admet généralement qu'il faut en calcaire 3 0/0 du poids de la terre. Si nous prenons, par exemple, un sol privé de calcaire, labouré à $0^m 20$ cent. de profondeur, la couche de terre remuée sera de 20.000 mètres cubes pesant, à 1.400 kilogrammes l'un, 2.800.000 kilogrammes, dont nous prenons 3 0/0, soit 84.000 kilogrammes ; ou, la marne pesant ordinairement 1.500 kilogrammes si elle dose 50 0/0, 750 kilogrammes pour un mètre cube, ou pour un hectare 112 mètres cubes.

On peut se baser sur ces chiffres, que l'on modifiera suivant que la marne renfermera plus ou moins de 50 0/0 de calcaire, et suivant que le sol en aura un peu ou pas du tout. On marne tous les 8, 10, 15 ou même 20 ans ; mais mieux vaut marner moins fort et répéter plus souvent. Dans le département de la Haute-Saône se rencontrent presque toutes les variétés de marne, depuis la plus calcaire jusqu'à la plus argileuse. Il serait facile et peu dispendieux, pour améliorer les différents sols, d'employer les marnes convenables.

Déjà beaucoup de cultivateurs le font, surtout dans les cantons de Saulx, Port-sur-Saône, Montbozon, Rioz, Autrey, Fresne Saint-Mamès, Gray, Gy, Villersexel. L'on peut espérer que le marnage se généralisera et qu'il sera appliqué à toutes les terres dont il peut augmenter la fertilité.

7. *Plâtre.* — Le plâtre est un composé naturel de chaux, d'acide sulfurique et d'eau : c'est ce que les chimistes appellent du *sulfate de chaux.*

Bien que quelques agronomes pensent qu'il peut s'employer cru ou cuit pourvu qu'il soit pulvérisé, nous pensons, nous, qu'il faut préférer celui qui est cuit. Il ne convient pas à toutes les plantes, mais il est bon pour les *prairies*, les *trèfles*, les *luzernes* et certains légumes : les *pois*, les *haricots*, les *fèves*, les *lentilles* ; mais il rend ces derniers difficiles à cuire.

Il agit plus sur les terrains secs que sur les terrains humides ; un temps constamment pluvieux empêche qu'il n'ait de bons résultats. Il se sème à la volée dans la proportion de 200 à 300 kilogrammes à l'hectare : il faut, autant que possible, pour le répandre, choisir un jour où il ne fait pas de vent, au printemps généralement, quand la température s'est adoucie, par un temps couvert ou brumeux, ou bien lorsque les feuilles sont encore humides de la rosée de la nuit.

Le plâtre a encore en agriculture une autre grande utilité : lorsque l'on sort le fumier des écuries et qu'on le met en tas, on fera bien d'en saupoudrer les couches et d'en garnir surtout les parties supérieures des tas ; on y *fixe* ainsi des sels qui, sans cette précaution, quand la fermentation arrive, se volatilisent dans l'atmosphère.

L'effet du plâtre dure 3 ou 4 ans.

8. *Cendres.* — Les cendres de bois, sarments de vignes, de bruyères, celles de sarments surtout, sont un excellent engrais qui convient à toutes les terres, mais beaucoup mieux aux terres argileuses, voire même aux terres siliceuses qu'aux terres calcaires, qui sont ordinairement sèches et brûlantes et qui, par conséquent, préfèrent un engrais pailleux ou végétal qui leur conserve de la fraîcheur. 15 à 20 hectolitres de cendres vives par hectare suffisent. Elles s'emploient dans toutes les saisons, excepté en hiver.

Presque toujours on n'emploie les cendres que lorsqu'elles ont servi à la lessive ; elles prennent alors le nom de *charrée :* elles sont moins coûteuses, et donnent de bons résultats aussi ; il en faut alors pour un hectare de 40 à 60 hectolitres, qu'on aura soin de bien laisser sécher avant de les répandre. On ne fume jamais un sol deux fois de suite avec des cendres ; on alterne avec du fumier. Nous préférerions voir employer les deux engrais à la fois, moitié l'un, moitié l'autre : ils s'améliorent réciproquement. Les cendres conviennent particulièrement aux *prairies natu-*

relles, aux *carottes*, aux *betteraves*, aux *colzas*, aux *pommes de terre*, aux *trèfles*, etc. Dans l'arrondissement de Lure, surtout à Luxeuil, Saint-Loup, Melisey, dans quelques cantons de Gray et de Vesoul, les cultivateurs en font un assez grand usage.

Les cendres de tourbe, de houille sont moins riches, mais peuvent être avantageusement employées ; il suffit pour cela de les arroser de temps en temps avec des eaux de lessive, de savon ou de fumier ; elles produiront ainsi de surprenants effets dans les terrains argileux ou sablonneux. Ordinairement on ne tire aucun parti de ces matières ; nous engageons les cultivateurs des pays où la houille surtout est utilisée comme chauffage, soit par l'industrie, soit par les particuliers, à ramasser ces cendres sans valeur marchande et à s'en servir comme nous venons de le dire ; elles pourront, pour quelques-uns, remplacer la marne qui leur manque.

La *suie*, les *plâtres* sont aussi d'excellents engrais, qu'il ne faut pas laisser perdre.

9. *Salins.* — Quelques personnes considèrent le *sel marin* — gros sel gris — comme un engrais ; mais jusqu'à ce que l'on soit fixé sur ses effets qui, jusqu'à présent, sont fort variables, le cultivateur fera bien de ne pas l'employer seul ; qu'il s'en serve, s'il veut, pour améliorer des fumiers de qualité douteuse, passe encore ; mais qu'il s'en tienne là. Toutefois, nous devons dire que dans certains départements de la Bretagne, par exemple, on en fait un grand cas, et que les fourrages des prés voisins des bords de la mer, que l'on nomme en certains pays *prés salés*, contribuent beaucoup à donner de la qualité au lait et au beurre des vaches qui s'en nourrissent.

10. — *Phosphates de chaux fossiles.* — Sans vouloir faire de chimie, nous dirons que l'on donne le nom de *phosphates* à des sels formés par la combinaison d'une base avec l'acide phosphorique. Le seul de ces sels qui nous intéresse est le *phosphate de chaux*. Il est très commun dans la nature, il entre pour une proportion considérable dans la composition des os de tous les animaux, et se rencontre dans toutes les graines de céréales et de plusieurs autres plantes. C'est pour cela que les os et leurs dérivés : charbons d'os (noir animal), poudre d'os, etc., sont un excellent, mais coûteux engrais, que l'on ne peut facilement se procurer en assez grande quantité pour les besoins des plantes. Heureusement que la science a découvert d'immenses et presque inépuisables réservoirs d'amas d'os et d'excréments d'animaux qui, dans les premiers âges du monde, surpris par les bouleversements du sol à des époques de transformation, ont été soudainement ensevelis, et sont, avec le temps, passés à l'état minéral. Telle est l'origine des phosphates fossiles.

Depuis longtemps on cherchait à utiliser ces précieux produits ; plusieurs savants, en 1841, avaient essayé d'exploiter ceux qui provenaient des carrières de Logrosan (Espagne) ; mais ils avaient dû y renoncer à cause surtout du prix de revient, qui était trop élevé. Ce ne fut que quelques années après, vers 1856, que, grâce à l'initiative et à la persévérance de M. de Molon, l'engrais fossile se propagea largement.

Les phosphates fossiles sont très connus à présent ; leur origine, leur composition, leur a fait donner différents noms ; nous ne citerons que ceux appelés *coprolithes*, qui sont plus particuliers à la France. Ce sont, dit-on, des excréments d'animaux fossilifiés que l'on trouve sous la forme de nodules irréguliers, inégalement arrondis, un peu allongés quelquefois, dont la grosseur moyenne varie de $0^m 8$ à $0^m 10$ cent. de diamètre et dont la couleur est tantôt brune, tantôt gris-verdâtre. Ceux qui donnent à la cassure des reflets noirs-verdâtres sont les plus riches en phosphates. Les phosphates de chaux fossiles sont très abondants dans la Haute-Saône. Depuis deux ans environ on en a trouvé dans le canton de Vitrey d'assez grandes quantités pour que l'on ait pu établir près de la gare de Vitre une usine de pulvérisation.

Bientôt, dit-on, une autre usine sera installée près de Jussey, et des recherches qui paraissent devoir aboutir sont faites aux environs de Vesoul.

Les phosphates fossiles doivent être employés à l'état de poudre très fine ; ils ont une couleur grisâtre qu'il est facile de falsifier (l'acheteur ne saurait donc prendre trop de précautions) ; on les répand à la main, à la volée ou au semoir, par un temps humide et calme, dans la proportion de 500 à 600 kilogrammes par hectare sur les défrichements ; de 300 à 400 kilogrammes sur les vieilles terres en culture, argileuses, granitiques et schisteuses ; de 200 à 300 kilogrammes sur les prairies naturelles ou artificielles non marnées ni chaulées ; mais nous les recommandons expressément à l'état de mélange avec des fumiers, matières fécales, etc.

Ces mélanges peuvent se faire de diverses manières ; ainsi on peut, sur le sol que l'on veut fumer, répandre le phosphate dans la proportion de 20 à 25 kilogrammes par 1.000 kilogrammes de fumier répandu, ou, ce qui vaut mieux, opérer le mélange en faisant des tas de fumier de la façon suivante : on place d'abord une couche de fumier de $0^m 20$ à $0^m 25$ centimètres d'épaisseur, puis du phosphate en poudre, dans la proportion de 15 kilogrammes à peu près par 1.000 kilogrammes de fumier, et l'on continue à mettre une couche de fumier et une couche de phosphate jusqu'à ce que le tas soit terminé ; alors on recouvre le tout avec de la terre, et on le laisse ainsi jusqu'au moment de s'en servir.

Un fumier préparé de cette façon vaut le double au moins de ce qu'il vaudrait sans phosphates ; on l'emploie comme le fumier ordinaire à l'automne, et il convient à tous les sols, surtout à ceux qui sont granitiques et aux défrichés de bruyères et de landes. Nous devons dire aussi que, même en excès dans une terre quelconque, jamais les phosphates ne nuisent à la végétation.

Faire beaucoup d'engrais est le meilleur conseil que l'on puisse donner au cultivateur de la Haute-Saône qui, en général, fume trop faiblement ; qu'il mélange donc avec les fumiers de sa ferme des phosphates, des cendres, des boues, des terres, etc., toutes choses qui conviennent du reste à toutes les plantes et à tous les sols ; il pourra alors améliorer ses terres et augmenter sérieusement ses récoltes.

Questionnaire.

1. Qu'entend-on par amondements et engrais ? Définissez-nous les uns et les autres. — 2. Qu'est-ce que les engrais naturels ? qu'est-ce que les engrais artificiels ? — 3. Combien y a-t-il de sortes d'engrais naturels ? — 4. Qu'est-ce que les engrais minéraux ? Quels sont-ils ? — 5. Dites-nous ce que c'est que la chaux, son utilité, son mode d'emploi ? — 6. Qu'est-ce que la marne, quels sont ses propriétés et son mode d'emploi ? — 7. Parlez-nous du plâtre, de ses propriétés ou de son emploi. — 8. Les cendres peuvent-elles être employées en agriculture et comment. — 9. Le sel est-il un engrais ? — 10. Qu'entend-on par phosphates de chaux fossiles ? quand et comment faut-il les employer et dans quelle proportion ?

CHAPITRE VI

ENGRAIS VÉGÉTAUX.

ENGRAIS ANIMAUX.

1. On entend par *engrais végétaux* toutes les plantes ou débris de plantes que l'on enfouit dans le sol sans les avoir employés comme nourriture et sans les avoir imprégnés de substances animales. C'est l'engrais primitif, celui dont se nourrissent les plantes qui poussent sans culture.

Moins riches que les fumiers, les engrais végétaux (engrais verts) sont quelquefois très utiles lorsque, par exemple, on a des terres éloignées, de difficile accès, ou lorsqu'on n'a pas assez de fumier.

Ils conviennent à tous les sols, mais particulièrement aux terres sèches et légères ; on emploie de préférence les plantes qui demandent peu de semences, qui croissent vite et qui se nourrissent surtout de ce qu'elles prennent dans l'air; ainsi : la *spergule*, le *sarrasin*, les *trèfles*, les *lupins*, etc.; mais ce qu'il faut, avant tout, employer comme engrais vert, ce sont les plantes qui ont déjà produit, ou qui poussent naturellement : les *chaumes*, les *gazons*, les *herbes*. Quelle que soit la plante que l'on veut employer comme fumure verte, on doit la couper avant la floraison, on l'enfouit par un coup de charrue. Cet engrais ne dure pas plus d'un an.

Tous les produits végétaux peuvent servir d'engrais, qu'ils soient pris sur place ou qu'ils aient poussé ailleurs.

2. *Tourteaux.* — On appelle *tourteaux* les marcs ou résidus de graines dont on a retiré l'huile; ainsi il y a les *tourteaux de colza*, de *navette*, de *lin*, de *chènevis*, etc., etc.

Les tourteaux frais valent mieux que ceux qui sont vieux; on les emploie pulvérisés; mais, comme en cet état ils sont de falsification facile, nous engageons le cultivateur à faire lui-même cette opération.

Ils conviennent à toutes les plantes; ils doivent être semés environ quinze jours avant la graine, avec laquelle il ne faut pas qu'il y ait contact immédiat, car ce contact retarde ou même empêche la germination. Suivant l'état du sol, la quantité à employer varie de 1.000 à 1.500 kil. par hectare avec une demi-fumure.

Plutôt que d'employer directement les tourteaux comme engrais, malgré les résultats qu'ils donnent quelquefois, nous croyons qu'il vaut mieux les donner à manger aux animaux, bœufs, moutons, pour qui ils sont une bonne nourriture et dont ils améliorent considérablement les fumiers.

3. On appelle *engrais animaux* tout ce qui provient de l'homme et des animaux et qui est employé directement sans être mélangé avec d'autres engrais.

Ils se composent des *excréments humains*, du *sang*, de la *chair*, des *os*, des *cornes*, des *peaux*, de la *laine*, du *guano*, de la *colombine*, etc.

4. *Engrais humain.* — Les excréments humains sont
un très bon engrais ; on les utilise ordinairement après

Tonneaux d'arrosage.

une légère fermentation, ou à l'état frais sous les noms
d'*engrais flamand*, *courte graisse*, *gadoue*, ou à l'état

de *poudrette*, c'est-à-dire desséchés à l'air et réduits en poudre.

A l'état frais, ils conviennent surtout aux terres légères ; leur action est très énergique, mais dure peu. La richesse de cet engrais dépend évidemment de la quantité d'eau que l'on a ajoutée aux urines et aux excréments.

On les emploie soit au moyen d'un tonneau d'arrosage que l'on fait passer sur toute la pièce ; ou bien, lorsque la pièce de terre est emblavée, on les verse dans des baquets aux extrémités du champ, et on les répand au moyen d'une longue cuiller en bois appelée *écope, plateau*. Il faut, dans tous les cas, les bien mélanger et les désinfecter autant que possible, en versant, au moment du mélange, par chaque hectolitre de matières, 4 kilogrammes de plâtre cuit, 2 kilogrammes de poussière de charbon et un demi-kilogramme de couperose verte.

On peut aussi les mélanger avec de la terre, de la tourbe, etc.

Il ne faut pas employer cet engrais en trop grande quantité, car il est très énergique.

80 à 100 hectolitres d'engrais liquide suffisent par hectare.

5. *Poudrette*. — La bonne *poudrette*, moins riche que les engrais ci-dessus, donne une très grande activité à la végétation, mais dure peu ; elle n'est guère employée dans le département. 20 à 30 hectolitres suffisent par hectare ; on la sème en automne et au printemps, à la main ou au semoir ; avec cette quantité on fera bien de donner une demi-fumure.

6. *Guano*. — Le guano est le produit d'excréments d'oiseaux de mer amoncelés depuis plusieurs siècles sur différents points du globe. Ces fientes où l'on retrouve aussi des débris de poissons, des os d'oiseaux, forment,

particulièrement aux îles *Chincha*, des gisements très important, qui sont exploités comme des mines par le gouvernement du Pérou. Cet engrais a été introduit en 1843 en France, où il conquit rapidement une grande et légitime réputation. Depuis, on a trouvé des guanos en beaucoup d'autres pays, mais celui du Pérou, beaucoup plus pur tient toujours le premier rang.

C'est un bon engrais, très énergique, mais d'une faible durée ; 250 à 350 kilogrammes, avec une demi-fumure, suffisent par hectare. Il convient à toutes les plantes et à tous les sols. Toutefois, depuis quelques années, beaucoup de fabricants de sucre en prohibent l'emploi pour la betterave qui leur est destinée.

Colombine. — C'est une sorte de *guano* produit par les pigeons ; il est aussi très énergique. Les excréments des autres volailles sont peu riches et ne peuvent être employés qu'à l'état sec.

7. *Parcage*. — Bien que nous ayons peu de troupeaux dans le département et que le parcage, par conséquent, celui des moutons surtout, y soit peu pratiqué, nous croyons devoir dire un mot de cette opération qui est, en certains pays et en certains cas, une précieuse ressource agricole.

On appelle *parcage* le séjour forcé que l'on fait faire aux animaux, aux moutons principalement, sur une pièce de terre que l'on veut fumer. L'enceinte formée pour obtenir ce résultat s'appelle *parc*.

Un *parc* se fait au moyen de claies, en bois léger plutôt qu'en osier ; il faut qu'il ne soit ni trop grand, ni trop petit : 150 à 200 moutons constituent un excellent parc.

L'espace nécessaire à chaque bête dépend de l'abondance de l'alimentation et de la taille des animaux ; 40 à

80 bêtes par nuit et par are, suivant la force que l'on veut donner au parcage, qui a lieu de mai jusqu'à fin novembre, forment un bon parc dont la durée doit être d'environ 15 heures. On le change de place au moins une fois par nuit.

Le berger doit surveiler le parcage ; il couche dans une baraque en bois montée sur des roues, laquelle suit le

Moutons au parcage.

parc à mesure qu'on le change de place ; ses chiens circulent à l'entour.

Le parcage convient à tous les sols et à toutes les récoltes ; il faut cultiver à plat la terre que l'on veut parquer, pour qu'elle s'imprègne mieux des déjections des animaux.

L'effet d'un parcage se fait sentir deux ans au plus ; il est bon de fumer en même temps.

Plus que le guano encore, les fabricants de sucre le défendent pour leurs betteraves, dont il rend le travail très difficile.

8. *Les os.* — Les os sont employés sous deux formes différentes : sous forme d'*os verts*, c'est-à-dire en leur état naturel, et sous celle d'*os carbonisés*, c'est-à-dire amenés par le feu à l'état de charbon ; dans ce dernier cas on les appelle *noir animal*.

Les os verts broyés et pulvérisés conviennent aux sols qui manquent de chaux et produisent de l'effet sur les céréales ; mais, ainsi que nous l'avons dit en parlant des phosphates que nous recommandons de préférence, leur prix trop élevé en rend l'emploi très difficile.

Le noir animal est dans le même cas ; mais on peut, à bas prix, s'en procurer qui vaut mieux que neuf, dans les fabriques et les raffineries de sucre qui, chaque année, en ont une certaine quantité dont elles ne se servent plus. A la dose de 5 à 6 hectolitres à l'hectare pour la première année et de 3 pour la deuxième année, on obtient de bons résultats sur des terres défrichées nouvellement ou trop fatiguées. On le répand au moment de couvrir la semence avec la herse.

Dans les sols granitiques, comme ceux des montagnes de Lure, le noir animal produirait un très bon effet.

Rien n'est complètement inutile ; presque tout peut servir d'engrais. On ne doit, dans une ferme, rien laisser perdre : *eaux grasses, eaux d'égouts, épluchures*, tout peut et doit être employé.

Questionnaire.

1. Qu'entend-on par engrais végétaux? sont-ils utiles et quelles plantes faut-il choisir lorsque l'on veut en faire ? — 2. Parlez-nous des tourteaux. — 3. Qu'est-ce que les engrais animaux ? — 4. L'engrais humain est-il un bon engrais? comment s'emploie-t-il? — 5. Qu'appelle-t-on poudrette? dites-nous comment on s'en sert. — 6. D'où vient le guano? dites-nous ses propriétés et ce que c'est que la colombine. — 7. Définissez-nous le parcage, dites-nous comment il se fait et ce que c'est qu'un parc. — 8. Les os sont-ils un bon engrais, comment s'emploient-ils et qu'est-ce que le noir animal ?

CHAPITRE VII

1. On appelle *engrais mixtes* les fumiers, parce qu'ils sont composés des excréments solides et liquides des animaux, et d'une substance végétale appelée *litière*.

Les fumiers sont les premiers de tous les engrais, la cheville ouvrière de l'agriculture; on ne peut s'en passer. Il faut donc proportionner le nombre de ses bestiaux à l'étendue de sa culture, les bien nourrir, car de la qualité de la nourriture dépend celle des fumiers.

A ce point de vue, les meilleures nourritures sont les *fourrages secs*, les *grains*, les *tourteaux*, les *pulpes de betteraves*; puis les *fourrages verts*, et enfin les *pailles*.

Les fumiers se divisent en *fumiers pailleux* ou *longs* et en *fumiers courts*.

Les *fumiers pailleux* ou *longs* sont ceux qui ne sont pas entièrement décomposés : les *fumiers courts* sont ceux dont la décomposition est plus avancée.

Litière. — La litière est le lit des animaux; elle sert non-seulement à leur procurer un bon repos, mais encore à éponger leurs urines afin de former le *fumier*.

La qualité de la litière influe beaucoup sur celle du fumier : les *pailles* sont les meilleures matières à employer; puis viennent les *fougères*, les *bruyères*, les *joncs*, les *feuilles sèches*. A défaut de ces matières on emploie même de la terre, du sable ; mais ces dernières se mélangent mal avec les excréments et s'attachent aux poils des animaux qu'elles salissent et qu'elles incommodent.

Quand on le peut, il ne faut pas ménager la litière, et surtout ne jamais vendre ses pailles, car c'est vendre son fumier ; et, pas de fumier, pas d'agriculture.

3. *Propriétés des fumiers.* — Tous les fumiers, on le comprend, n'ont pas les mêmes qualités, ni par conséquent, les mêmes propriétés ; nous allons les passer successivement en revue.

Fumier de mouton. — Ce fumier est très riche ; il dure plus que celui de cheval, mais moins que celui des bêtes à cornes. Il convient à tous les terrains, principalement aux terres froides. Le logement des moutons s'appelle : *bergerie*. Le fumier de chèvre ne diffère du fumier de mouton, qu'en ce qu'il ne renferme pas de débris de laine.

Fumier de cheval, âne, mulet. — Le fumier de cheval est le plus actif de tous les fumiers ; il convient à tous les sols, mais particulièrement aux terres froides et argileuses et profite à toutes les plantes; celui de l'âne, du mulet a les mêmes propriétés que celui du cheval. On appelle *écurie* le logement des chevaux.

Fumier des bêtes à cornes. — Ce fumier, moins actif que celui du cheval, dure plus longtemps ; il convient à tous les sols, et à toutes les plantes. On donne le nom d'*étable* au logement des bêtes à cornes.

Fumier de porc. Ce fumier est peu estimé ; aussi, on ne l'emploie généralement que mélangé avec d'autres.

Ces caractères particuliers que nous reconnaissons à chaque nature de fumier sont toujours modifiés par la nourriture, les soins que reçoivent les animaux, leurs fatigues plus ou moins grandes et leur état de santé.

4. *Séjour des fumiers dans les écuries, étables, berge-*

ries. — La durée du séjour des fumiers dans les étables, écuries et bergeries est très variable : ainsi, en général, on ne nettoie les bergeries que deux fois par an, au printemps et à l'automne; quant aux autres fumiers, il est d'usage de les sortir tous les huit jours en hiver et deux fois par semaine en été. Nous l'avons dit ailleurs et nous le répétons : de la qualité des litières dépend en grande partie la qualité des engrais.

Préparation des fumiers. — Aussitôt que le fumier est retiré des étables, on doit le mettre en tas, à l'abri des pluies qui le laveraient et du soleil qui le dessécherait; on le place, couche par couche, le plus haut possible, en ayant soin de le bien tasser, sur un terrain uni, garni, si on le peut, d'un lit de terre glaise battue que l'on tient un peu en pente. (On fera bien d'alterner les couches de fumier avec une couche de phosphate de chaux.) On fait ensuite, à l'entour des tas, une rigole aboutissant à un trou qui, creusé assez vaste à l'une des extrémités inférieures du tas, sera maçonné et enduit de façon à ce qu'il puisse retenir l'eau des fumiers qui ne doit jamais être perdue, et dont on se servira pour arroser les récoltes ou pour arroser le fumier lui-même, par un temps sec.

Cette eau qui s'échappe du fumier après une pluie ou un arrosage, s'appelle *purin* et le trou creusé pour la recevoir : *fosse à purin.*

On a beaucoup trop, dans la Haute-Saône, la mauvaise habitude d'entasser les fumiers devant sa maison, sur les bords des chemins presque toujours en pente, sans rien pour retenir le purin qui se perd au grand préjudice de l'agriculture et de la santé.

En effet, on comprend, sans qu'il soit besoin d'insister, qu'un fumier fait ainsi ne peut être bon, l'eau et le soleil lui nuisant presque autant l'un que l'autre, et que placé, comme il l'est trop souvent, contre la maison, ou très près de la maison qu'il infecte de ses odeurs, il nuit à la santé de ceux qui l'habitent, car l'air étant l'une des choses les plus nécessaires à la vie, plus celui qu'on respire est pur, mieux cela vaut.

Sans les éloigner trop, il faut, toutes les fois qu'on le peut, établir ses fumiers à une certaine distance de l'habitation.

Quelques personnes, au lieu de le mettre en tas, déposent leur fumier dans des fosses ; c'est encore une coutume défectueuse, car les égouts, ne pouvant s'échapper, ou s'infiltrent dans le sol et sont perdus, ou séjournent dans la fosse et alors forment un amas de matière liquide, difficile à transporter.

On peut atténuer les inconvénients que présentent ces fosses en les recouvrant d'un toit pour les préserver de l'eau de pluie et en faisant, quand on le peut, en contre-bas, une fosse à purin pour recevoir les liquides que l'on emploiera comme il a été dit plus haut.

Quelle que soit la méthode que l'on adopte pour faire les tas, nous recommandons d'y mélanger les différentes espèces de fumiers produits à la ferme : ils se corrigent, s'améliorent l'un par l'autre, et on pourra ainsi les employer sur toutes les terres et pour toutes les plantes.

Emploi des fumiers. — Il ne faut pas laisser trop longtemps le fumier en tas avant de s'en servir ; on l'emploie quand il est à moitié pourri, alors que la paille, ou ce qui la remplace comme litière, commence à se décomposer et à former corps avec les urines. C'est en septembre que l'on conduit ordinairement les fumiers ; on les conduit aussi après l'hiver pour les cultures de printemps ou pour celles qui ont souffert.

On enfouit le fumier suivant la nature du sol et des

plantes, profondément pour les racines pivotantes, et beaucoup moins pour les racines traçantes. Il ne faut pas non plus laisser le fumier trop longtemps sur le sol avant de l'enterrer; il agit ainsi plus tardivement peut-être, mais dure plus que celui qui a été répandu longtemps avant d'être enfoui.

Compost. — On appelle *compost* un mélange de toutes sortes de matières animales, végétales et minérales qui, bonnes isolément à des degrés divers, deviennent meilleures quand elles sont réunies en un seul tas. Ces engrais sont peu coûteux : *feuilles, vase, débris d'animaux*, etc., etc., tout, en un mot, peut être employé comme compost.

Pour les faire, on commence par une couche de terre, puis une couche de résidus, et ainsi de suite, en réunissant tous les débris dont on peut disposer; on les arrose ensuite avec de l'urine ou avec tout autre liquide fertilisant : *eau de savon, de lessive*, etc.

Au bout de 2 à 3 mois, on défait le tas à coups de pioche pour le bien mélanger; on le rétablit à nouveau comme la première fois, et l'on s'en sert lorsque la masse tout entière est bien décomposée. Les composts conviennent à toutes les plantes et à tous les sols.

Engrais de commerce. — Il existe un très-grand nombre d'engrais dits *de commerce*. Rien ne vaut, nous l'avons dit, et nous ne pouvons trop le répéter, le fumier de ferme ; mais comme nous sommes loin d'en fournir assez, il faut recourir aux engrais fabriqués.

Parmi eux nous citerons les engrais chimiques de Joulie, basés sur la théorie de M. George Ville, et le sulfate d'ammoniaque qui ont surtout donné de magnifiques résultats. L'emploi de ce dernier engrais, depuis les expériences du savant que nous venons de nommer, a pris un grand développement.

Il s'emploie soit semé en poudre, soit dissous dans de l'eau d'arrosage; ce dernier moyen est le moins bon; il est préférable de le mélanger, pour le semer, avec de la terre sèche et fine, avec de la poudrette, etc. 150 à 300 kilogrammes, suivant l'état du sol et la nature des plantes, suffisent par hectare. Quand on l'emploie à haute dose, il vaut mieux en diviser la quantité et en répandre moitié à l'automne, moitié au printemps, dans le premier cas sur labour, et, dans le deuxième, en couverture.

Ce sel est facile à falsifier, au moins quant à l'aspect extérieur; quand on en achètera, il faudra s'adresser à des maisons de confiance et exiger un certificat d'origine garantissant sa richesse qui doit être de 20 à 21 % d'azote.

On peut toutefois, soi-même, sans laboratoire, reconnaître la qualité du sulfate d'ammoniaque : il se dissout dans l'eau; si, dans une cuiller en fer, on le soumet à une température élevée, tout s'évapore, ce qui n'arrive pas s'il est mélangé avec des matières minérales qui, se dissolvant dans l'eau, laissent au feu un résidu solide.

Questionnaire.

1. Qu'entend-on par engrais mixtes et comment divise-t-on les fumiers ? — 2. Qu'est-ce que l'on appelle litière ? — 3. Parlez-nous de la propriété des fumiers, en général, et de celle des fumiers de divers animaux de la ferme, en particulier. — 4. Les fumiers doivent-ils séjourner longtemps dans les écuries et comment faut-il les préparer et les employer ? — 5. Qu'appelle-t-on compost ? parlez-nous des engrais de commerce, surtout des engrais chimiques et du sulfate d'ammoniaque.

CHAPITRE VIII

INSTRUMENTS AGRICOLES

1. On appelle instruments agricoles tous les outils employés par le cultivateur pour la préparation du sol, les soins à donner aux plantes avant, pendant et après qu'il les a récoltées.

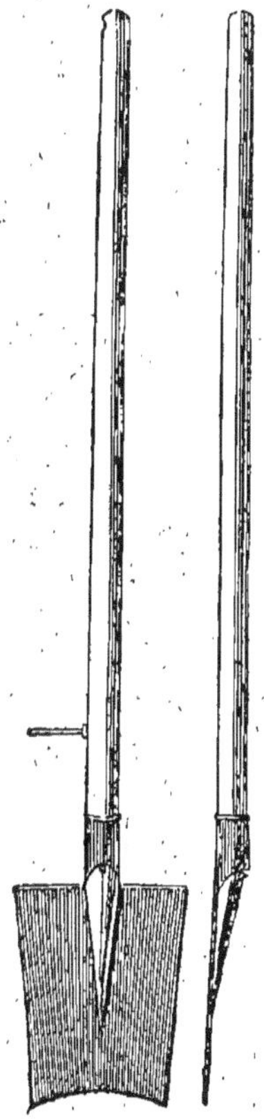

La bêche. — Cet outil, rarement employé en agriculture, est le principal outil du jardinage.

La charrue. — La charrue est le plus important des outils du cultivateur il en est aussi le plus ancien, car on en rencontre des traces dans la plupart des monuments que l'antiquité la plus reculée nous a laissés. Il ne travaille pas, il ne retourne pas la terre aussi bien que le fait la bêche, mais il a l'avantage d'exécuter de grands travaux en peu de temps ; c'est là sa grande supériorité. Du reste, depuis quelques années, la charrue a été très améliorée, et nous en avons qui, fabriquées dans notre département, sont appropriées à notre sol et ne laissent que peu à désirer.

Bêche.

Les variétés de charrues sont très-nombreuses ; chaque pays en a un système qui lui est particulier, quand il n'en a pas plusieurs ; toutes se composent des mêmes parties principales, et n'ont entre elles que des différences de détail.

Charrue simple.

2° Les pièces essentielles sont : le *soc* A, le *coutre* B, le *versoir* C, l'*avant-soc* H, le *régulateur* E, les *étançons* K, K, les *mancherons* G et le *sep* D.

Le *coutre* est un couteau présentant sa tranche en avant ; il est destiné à couper la terre en bandes verticales, par un travail continu ; il doit être bien aciéré.

Le *soc* a la forme d'un coin aigu ; on l'appelle plus ordinairement, dans notre pays, *fer de charrue*. Il coupe la terre en tranches horizontales. Combiné avec le *coutre*, il détache du sol la bande de terre que le coutre a tranchée verticalement. C'est la partie essentielle de l'instrument, les autres ne sont que des accessoires. Dans les charrues à deux versoirs ou à double oreille, ce qui est la même chose, le soc a la forme d'un fer de lance, d'un triangle, et coupe des deux côtés ; dans les charrues qui n'ont qu'un seul versoir fixe, le soc a la forme d'un triangle rectangle et ne coupe que d'un côté. On le fait en acier, en fer aciéré et même en fonte. C'est en fonte que sont faits les socs dits *américains*, assez répandus depuis quelques années.

3. *Versoir.* — Il est en bois, en fer ou en fonte, plus ou moins contourné ou allongé. Il a pour but de retourner, en la jetant de côté, la bande de terre coupée par le coutre et soulevée par le soc ; on l'appelle aussi *oreille*. Ses dimensions sont subordonnées à l'état de la terre : dans les terres compactes, tenaces, les longs versoirs, et dans les terres faciles, les versoirs plus courts ; dans tous les cas, il aura au moins la largeur du soc pour que la bande de terre soulevée s'y adapte bien.

Les *versoirs* en fonte sont les plus avantageux ; ils ne se déforment pas, glissent mieux, et sont peu coûteux.

Sep. — C'est une pièce située inférieurement dans le plan de la face gauche de la charrue ; il prolonge en arrière le soc, et forme avec lui la *semelle* qui porte l'instrument. Le sep est en bois dur tout simplement, ou en bois garni de fer, ou entièrement en fer.

L'age. — On appelle *age* ou *flèche* une pièce en bois ou en fer, droite ou cintrée, ce qui vaut mieux, solidement unie avec la charrue à sa partie supérieure, et qui se prolonge en avant pour recevoir la puissance de l'attelage et régulariser la marche de l'instrument, ce qui se fait en élevant ou abaissant l'age, au moyen du régulateur.

L'avant-soc n'est pas indispensable : c'est un petit soc et un petit versoir soudés ensemble qui prépare le travail ; on le fixe sur l'age comme le coutre.

4. *Régulateur.* — Il a pour but de régler l'entrure de la charrue ; on le place presque toujours à l'extrémité et à l'avant de l'age. C'est ordinairement une tige de fer recourbée et dentelée dans le bas, dont l'autre extrémité est fixée sur l'age de manière à pouvoir s'élever ou s'abaisser. Une chaine aussi fixée sur l'age vient s'engager dans les dents de la tige de fer recourbée. — On élève le régulateur quand on veut donner de l'entrure; quand on veut élargir la raie, on accroche la chaîne à droite.

Étançons.—Ce sont deux montants destinés à relier entre eux l'age et le sep; ils sont en bois, en fer ou en fonte.

Mancherons. — On les appelle plus généralement les *cornes;* ce sont deux pièces qui, partant de l'extrémité arrière de l'age, s'élèvent comme deux leviers à hauteur d'appui de l'homme; ils sont écartés en haut d'environ 0,50 centimètres. C'est sur les mancherons que le cultivateur appuie soit les deux mains quand la terre est difficile à labourer, soit une seule main, la gauche, quand elle est facile, ou lorsqu'il se sert de charrues perfectionnées qui vont, pour ainsi dire, d'elles-mêmes, sans avoir besoin d'êtres maintenues.

5. Tel est le type de la charrue, type que l'on a perfectionné, que l'on perfectionne encore pour l'amener à produire son maximum d'effet utile.

La charrue ordinaire se distingue en *charrue à pied* et en *charrue à avant-train.*

La charrue à pied est ainsi nommée à cause du *sabot* ou *patin* que l'on place dans une mortaise derrière le régulateur, et qu'on élève ou qu'on abaisse suivant la profondeur que

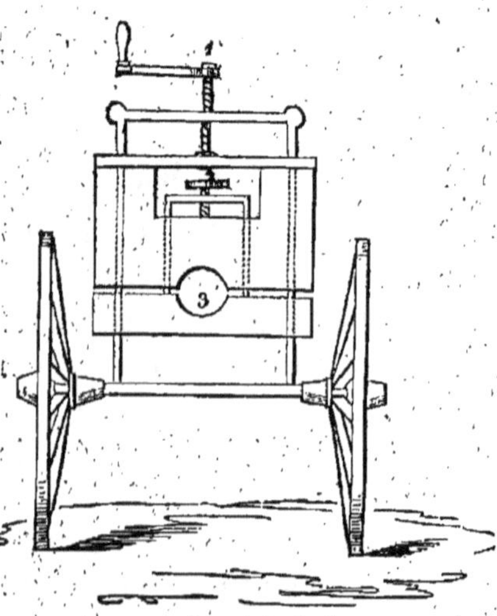

Avant-train.

1. Vis au moyen de laquelle on change la hauteur du point d'appui de l'age; — 2, Vis au moyen de laquelle on serre l'age; 3, Place de l'age.

l'on veut donner aux labours. Ce mode, tout primitif, offre une grande résistance.

Dans la charrue à *avant-train*, l'avant-train remplace le sabot ; il se compose ordinairement d'un essieu muni de 2 roues supportant une pièce nommée *sellette* sur laquelle s'appuie l'age.

Cette charrue a l'avantage d'être moins sujette à se déranger que la charrue à pied, de se remettre mieux en place et d'être plus facile à maintenir et à conduire.

6. — Ces charrues sont dites, *charrues simples*; il y a les *charrues doubles* dont le type est le *brabant double*. Cet instrument se compose d'un double soc et d'un double

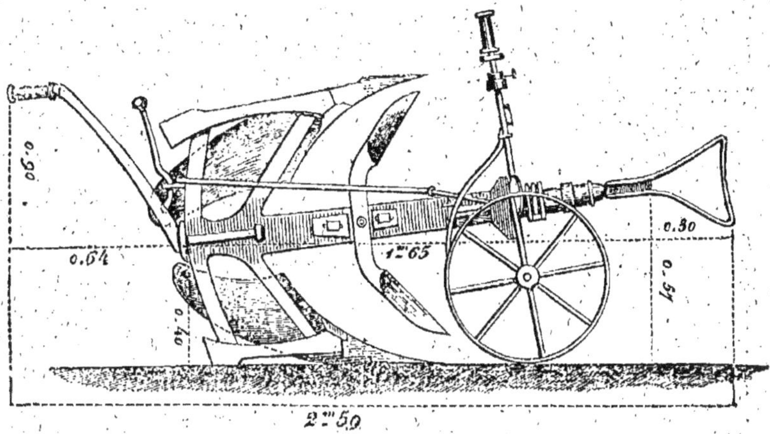

Brabant double.

versoir fixés sur le même age que l'on fait servir alternativement en les retournant. Cette charrue est assurément une des meilleures qui existent ; on peut, avec elle, aller et revenir sur le même sillon ; on évite ainsi les pertes de temps, les *aroiements* et les *déroiements* qui laissent des inégalités sur les surfaces labourées et sur les labours à contre-pente. Le brabant double est beaucoup plus facile à conduire que la charrue simple, car il laisse libre, derrière, ou à côté de sa charrue, le conducteur qui peut ainsi beaucoup mieux et presque sans fatigue, surveiller la marche de son instrument et de ses animaux.

C'est dans les Flandres et en Angleterre qu'au XVIIIe siècle on commença à se préoccuper des charrues. C'est à Mathieu de Dombasle que nous devons, en France, la première charrue réellement perfectionnée, celle qui est le point de départ des nombreux instruments dont nous disposons.

7. *Charrue défonceuse.* — Cet instrument n'est autre chose qu'une charrue ordinaire dont toutes les parties sont plus fortes; le versoir surtout doit avo'r un développement en rapport avec les dimensions de la bande de terre que l'on doit défoncer. Cette charrue est fort utile pour les défoncements et pour les défrichements.

Extirpateur. — Cet instrument est composé d'un châssis sur lequel sont fixées des tiges supportant des socs triangulaires, dont les lames doivent être disposées de façon à ce qu'aucune partie du sol n'échappe à leur action. On en fait à 5 et 9 dents et on règle leur entrure dans le sol au moyen d'une tige dentelée que l'on élève ou que l'on abaisse suivant la profondeur que l'on veut donner au travail à exécuter. Ces instruments sont aussi appelés *scarificateurs*. On donne cependant plus particulièrement ce dernier nom aux extirpateurs qui coupent la terre verticalement plutôt qu'horizontalement, un peu comme le font les herses et les coutres de charrue.

Herse. — Elle remplace le râteau employé dans les jardins; elle est en général formée d'un batis carré, triangulaire, etc., qui porte des dents en bois ou en fer de manière à ce que chacune d'elles trace une raie dis-

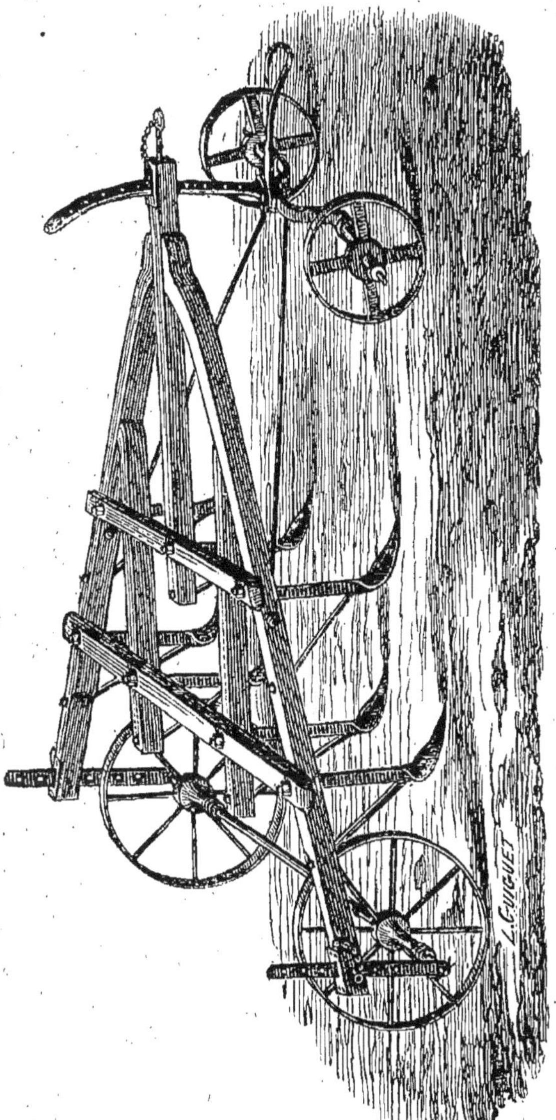

Extirpateur.

tincte et que toutes les raies soient également séparées entre elles.

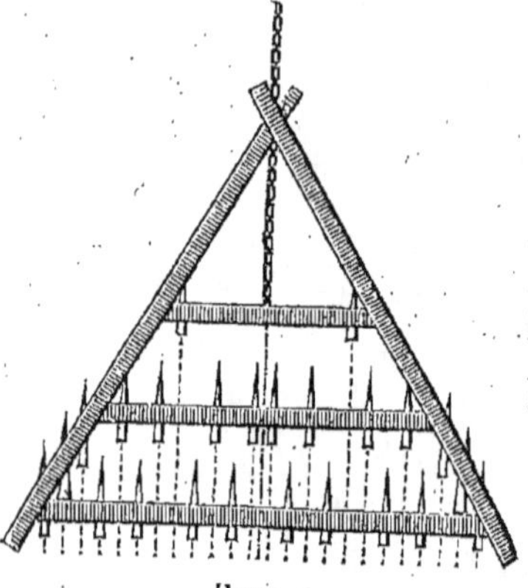

Herse.

On se sert de la herse pour diviser les mottes peu dures, pour niveler, ameublir le sol, pour arracher les racines des mauvaises herbes, pour recouvrir les graines, favoriser l'action de l'air dans le sol, etc.

8. *Rouleaux.* — Ce sont les cylindres en bois, en pierre, en fonte d'une longueur variant de 2^m à $2^m 60$ et gros de $0^m 40$ à $0^m 70$ centimètres. Ils ont pour but de briser les mottes qui ont résisté à la herse et de tasser la terre. Le rouleau *croskill* se compose de 25 disques

Rouleau croskill.

dentelés, en fonte, ajustés sur une sorte d'essieu de 2 mètres de longueur; c'est un excellent instrument. Il y a aussi le *rouleau articulé*, dont la construction est basée sur le même principe que le *croskill*, mais qui est bien moins coûteux; il est composé de 3 ou 4 disques en pierre ou en fonte engagés autour d'un essieu. Avec ce rouleau ou le précédent, dont chaque disque ou partie, agissant isolément, peut monter ou descendre suivant la disposition du sol, on n'a pas ce grand inconvénient que présente le rouleau ordinaire de n'exercer de pression sur un ter-

rain inégal que sur une partie de la surface, tandis que
l'autre est quelquefois à peine effleurée.

9. *Semoir.* — Il y a de très nombreuses sortes de semoirs ; tous ont pour but de déposer en terre, à distance et à profondeur égales, et de recouvrir

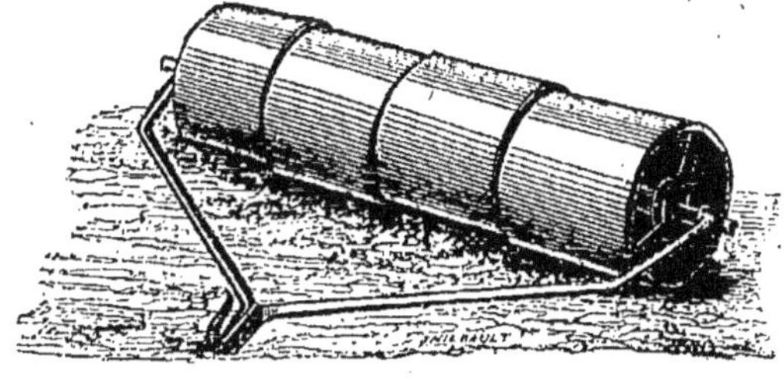

Rouleau articulé.

Rouleau ordinaire en fer.

uniformément les graines qui ne peuvent jamais, à
la volée, être semées ni aussi économiquement, ni
avec autant de précision. Il y a pour la grande culture des semoirs à cheval, et pour la petite culture des
semoirs à main ; ceux à cheval travaillent généralement
mieux. Ce que nous pouvons dire, c'est que le meilleur
semoir est celui qui, simple dans sa construction, répand
et recouvre bien la semence tout en permettant à l'homme

Semoir.

qui le conduit de s'assurer, sans arrêt, de la quantité de graine semée.

10. *Houe.* — C'est un instrument composé d'une lame un peu plus longue que large, adaptée quelquefois au moyen d'une tige en fer, d'autres fois directement à un manche très court.

Il y a aussi la *houe* à *dents*, ou *crochet*, composée d'une lame plate, ou de deux ou trois dents plus ou moins larges. Dans quelques pays la *houe* se nomme *pioche* ; les

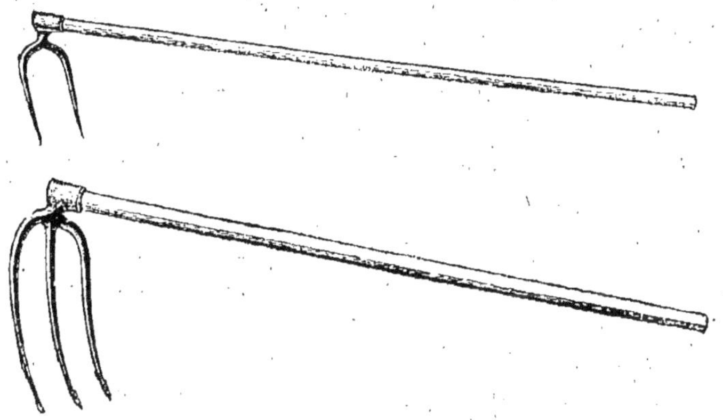

Houe.

houes varient suivant le pays, la destination de l'instrument et la nature des terres ; elles conviennent à tous les

Houes à dents.

terrains, travaillent moins bien que la bêche, mais peut-être mieux que la charrue.

Houe à cheval. — Elle remplace avantageusement la houe à main ; elle est formée d'une espèce d'age supportant un soc à l'avant, et sur lequel sont placées deux branches mobiles qui, à leur tour, portent les couteaux, dont la lame est horizontale et recourbée à angle droit.

La houe à cheval économise le temps, toujours si précieux en agriculture ; nous la conseillons fortement. On

Houe à cheval.

comprend qu'elle ne peut être employée que pour les plantes semées en lignes.

Binette. — C'est une houe d'un genre particulier, plus légère, employée pour entretenir l'ameublissement du sol et couper les mauvaises herbes.

11. *Faucille, faulx*. — Ces deux instruments ont été pendant bien longtemps les seuls employés pour la récolte des foins et des céréales. Ces dernières, la *faulx* dans ces pays-ci, la *sape* dont nous allons parler, dans d'autres départements, ont presque partout remplacé la faucille.

Nous disons presque partout, puisque dans la Haute-Saône on voit encore employer la faucille sans dents (volant.) Ce travail est long, pénible et coûteux.

Sape. — Nous n'en parlerons que pour mémoire, car elle n'est pas employée ici ; c'est une petite faulx armée d'un petit manche que l'ouvrier tient d'une main ; de l'autre il tient un bâton qui se termine par un crochet, avec lequel il amène contre la faulx la paille à couper. Nous croyons que le meilleur de ces instruments est la faulx ; avec elle un ouvrier peut couper 60 ares par jour et 20 à 25 seulement avec la faucille (volant).

Faucheuses, moissonneuses. — Les faucheuses, les moissonneuses conduites par des chevaux commencent à se répandre dans le département; ce sont d'excellents et très-expéditifs instruments; or, la main d'œuvre se fait rare tous les jours et de plus en plus coûteuse, il faut donc l'épargner le plus possible; très souvent, ici ou là, il y a des concours où ces instruments font leurs preuves : on peut donc choisir en connaissance de cause celle que l'on préfère. Des constructeurs ont créé depuis quelques temps des *faucheuses-moissonneuses* qui, avec de légères modi--

Faucheuse-moissonneuse.

fications, font successivement les deux opérations de fanage et de moisson. On objecte le prix élevé de ces instruments; mais pourquoi l'association (si riche en bons résultats dans tant d'autres cas) des cultivateurs d'une même commune ne viendrait-elle pas parer à cet inconvénient? La chose serait facile, il ne faut que le vouloir. Ces machines pourraient aussi être achetées par les communes, qui s'in-

Battage au fléau.

demniseraient promptement de cette avance en les louant à un prix modéré aux petits cultivateurs.

Fléau. — Cet instrument, le plus ancien de ceux dont on se sert pour battre le grain, est d'un emploi très pénible ; il est partout, ou à peu près, remplacé par la batteuse mécanique.

Batteuse. — Cette machine, connue de tout le monde, est presque partout adoptée aujourd'hui, surtout depuis

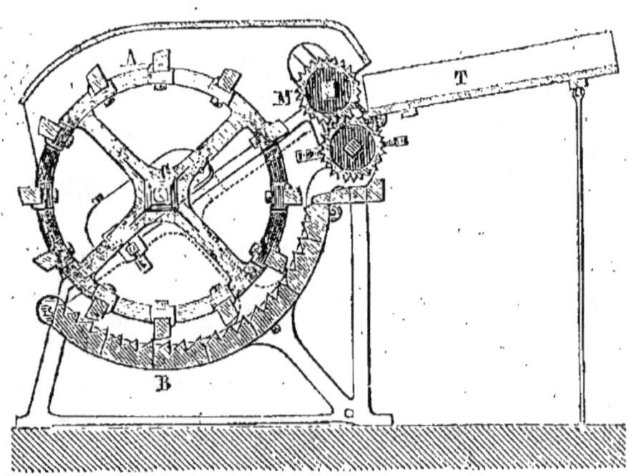

Coupe d'une machine à battre.

A, Batteur ; B, contre-batteur ; M, cylindres engreneurs ; T, table sur laquelle on étend la gerbe.

que divers constructeurs sont parvenus à en faire de très petites qui exigent peu de force, peu de place pour les loger, et qui sont peu coûteuses. Quel que soit son système, une batteuse permet de battre son grain immédiatement après la moisson et de réaliser plus promptement, plus sûrement le produit de sa récolte.

Tarare. — Cet instrument très simple et peu coûteux remplace presque partout le *van*, qui ne devrait plus être employé que pour les grosses graines.

L'outillage agricole se compose encore d'une foule d'autres instruments : *râteaux à cheval, hache-paille, coupe-racines , concasseurs*, etc. Nous ne pouvons tous les passer en revue ; ils sont tous très utiles et généralement très ingénieux. Ce que nous pouvons dire, c'est que le grand développement pris par la machinerie agricole prouve que la tendance de l'époque est de sub-

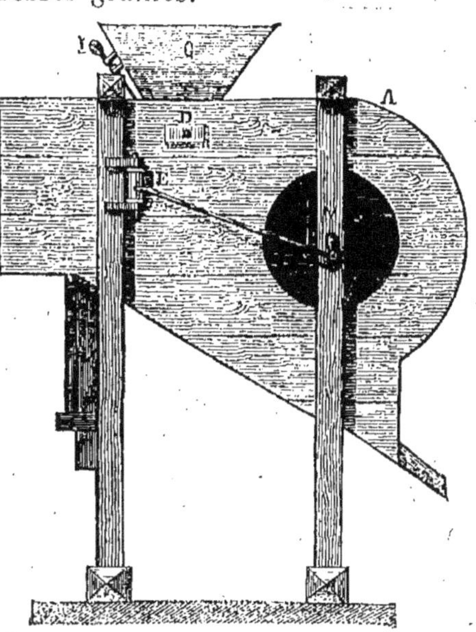

Tarare.

stituer autant que possible le travail mécanique au travail humain, et que, mieux que par le passé, on comprend toute l'importance de l'agriculture.

La machine à vapeur s'est, depuis quelque temps, répandue dans les fermes, sous forme surtout de *locomobile*. On s'en sert, non seulement pour mettre en mouvement les batteuses, mais encore on a fait des essais de labourage qui, très réussis en Angleterre, en Amérique, sont difficiles en France à cause du grand morcellement de la propriété.

Depuis quelques années on a fait de l'électricité d'étonnantes applications à l'agriculture. Ainsi, pour ne parler

Hache-paille.   Râteau à cheval.

que de la France, dans une grande ferme de la Marne,

Machine à vapeur locomobile.

chez **M. Félix**, à Sermaize, on laboure, on herse, on sème; on bat les grains, on emmagasine les bettraves en se servant de l'électricité comme force motrice.

L'exposition internationale d'électricité qui à eu lieu à Paris en 1881, nous a révélé de véritables merveilles. Et

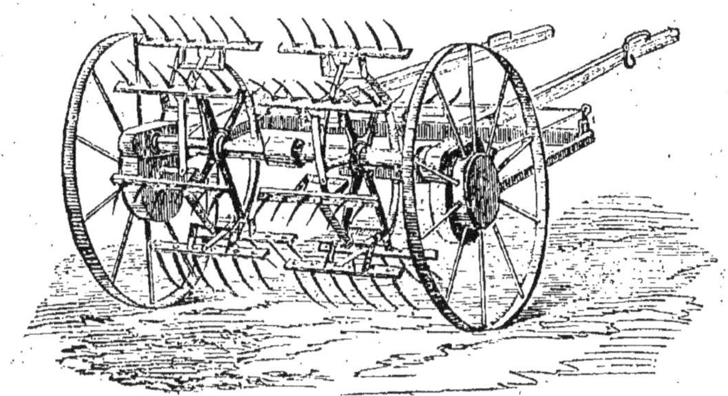

Faneuse.

ce n'est rien encore, l'avenir nous en réserve bien d'autres. Il en sera de l'électricité comme de la vapeur, avec cette différence que l'électricité sera plus féconde, et que ses progrès seront plus rapides. On ne peut encore que les entrevoir; mais vous, élèves, vous en verrez probablement l'admirable épanouissement.

Questionnaire.

1. Dites-nous ce que l'on entend par instruments agricoles et quel est le principal de ces instruments ? — **2.** Nommez-nous les pièces importantes de la charrue. Qu'est-ce que le coutre, qu'est-ce que le soc ou fer de charrue ? — **3.** Qu'est-ce que le versoir, le sep et l'age ? — **4.** Qu'est-ce que le régulateur, que sont les étançons et les mancherons ? — **5.** N'y a-t-il qu'une sorte de charrue ordinaire ? — **6.** N'y a-t-il pas des charrues doubles ? dites-nous leurs avantages. A qui devons-nous la charrue perfectionnée ?—

7. Qu'est-ce qu'une défonceuse? Qu'appelez-vous extirpateur ?
herse? — 8. Comment sont faits les rouleaux et quel est leur
emploi? — 9. Parlez-nous des semoirs. — 10. Combien y a-t-il
de sortes de houes? détaillez-les. — 11. Parlez-nous des instruments employés pour faucher et pour moissonner et de ceux employés pour battre et nettoyer le grain.

CHAPITRE IX

PRÉPARATION DU SOL.

Défrichement. — Le défrichement a pour but de détruire une *friche* et d'en faire une terre cultivée.

Une *friche* est donc une terre qui n'a jamais été mise en culture, ou qui, abandonnée à elle-même pendant longtemps, ne produit plus que des plantes sauvages.

Nous avons dans notre département une assez grande quantité de friches, plus de 30.000 hectares; beaucoup pourraient être cultivées ou au moins boisées. C'est une opération assez avantageuse, quand on peut la faire avec ses propres ressources : car, en général, les défrichés sont riches en débris végétaux et peuvent se passer de fumier pendant plusieurs années.

Tout sol qui a au moins 0,15 centimètres de profondeur, sans être trop en pente, vaut la peine d'être défriché; si l'on n'en a que, 0,08 ou 0,10 reposant sur un sol compact, il faut se garder de tenter un défrichement, car il ne serait pas rémunérateur. Si, au contraire, le sous-sol se laisse entamer facilement, on l'amène à la surface pour l'hiver, il se décompose, et après quelques années il forme une couche arable qui couvre largement les frais faits pour l'obtenir.

Une population qui défriche s'enrichit, celle qui garde ses friches garde sa pauvreté.

2. La façon de défricher une terre varie avec la nature

du terrain, des plantes qu'il produit et suivant le pays où elles sont situées. Il faut, dans tous les cas, avant de commencer, examiner la nature du sol et du sous-sol afin de s'assurer, d'après ce que nous avons dit plus haut, s'ils valent la peine d'être défrichés; puis on coupe les arbustes, les herbes, etc., s'il y en a, et on donne des labours dont on augmente, d'année en année et progressivement la profondeur. Enfin, on assainit le sol s'il en est besoin, par des fossés ou par un drainage. On peut, dans les deux premières années, presque toujours se servir de *chaux*, de *cendres,* ainsi que nous l'avons dit en parlant de ces produits.

Toutes les plantes ne réussissent pas dans une terre nouvellement défriché : l'*avoine*, la *pomme de terre* y végètent parfaitement.

Bien qu'un défriché puisse, presque toujours, penaant au moins deux ans, se passer de fumier, nous croyons qu'il vaut mieux entretenir cette richesse que de l'épuiser, et pour cela nous recommandons de fumer dès la deuxième année.

3. *Assainissement, fossés, drainage.* — Assainir une terre, c'est, par un moyen quelconque, lui enlever l'excès d'eau qu'elle renferme.

On doit assainir partout où la terre est grasse, où le pied laisse un trou rempli d'eau; partout où le soleil forme à la surface du sol une croûte qui resserre les plantes et nuit à leur végétation.

On assainit de trois manières différentes : par des *aqueducs,* par des *fossés ouverts* ou *couverts,* ou au moyen du *drainage.*

Ce dernier moyen est assurément le meilleur : les aqueducs sont trop coûteux, les fossés ouverts perdent trop de terrain, ceux qui sont fermés nécessitent un assortiment de pierrailles, de fagots qu'il est difficile quelquefois de se procurer.

4. *Drainage.* — Le drainage, d'invention anglaise, est certainement une des innovations les plus importantes de l'agriculture. Cette opération s'exécute au moyen de tuyaux en terre appelés *drains.*

On les pose bout à bout de manière à permettre à l'eau de s'introduire, par les joints, dans leur intérieur, pour la

Tuyaux à manchettes.

déverser ensuite jusqu'à la décharge qui lui est ménagée.

Les *drains* ont une longueur uniforme de 0^m,33 et un diamètre intérieur d'environ 0^m,03 ; on en emploie de plus gros qui ont 0^m,08 à 0^m,10 de diamètre, que l'on appelle *tuyaux collecteurs,* pour recevoir l'eau des petits tuyaux et la porter dans un fossé d'évacuation.

On dirige toujours les drains dans le sens de la pente, qui devra être d'au moins 0^m,02 par mètre ; suivant les circonstances on les écartera de 5 à 20 mètres, et on les po-

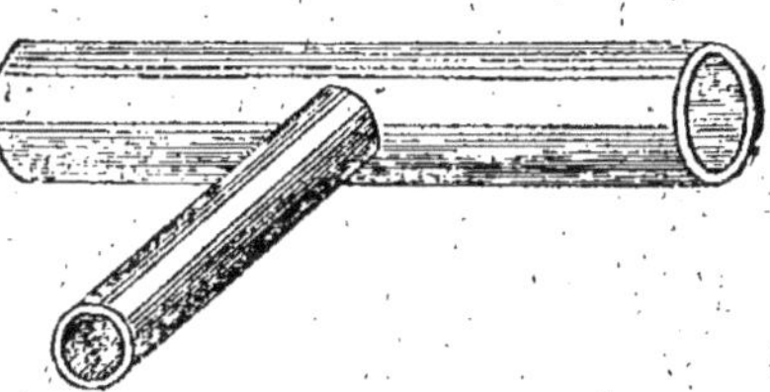

Drain collecteur.

sera à une profondeur en terre de 0,80 centimètres a 1 mètre et même plus quelquefois.

Lorsque l'on veut faire un drainage, il faut se rendre compte des pentes du terrain et du niveau de ses différentes parties, afin de pouvoir calculer d'avance quel sera le nombre de drains nécessaire. On trace sur le terrain le plan du drainage et on ouvre ensuite avec une bêche, un pic, une pioche, etc., les tranchées, que l'on a soin, pour ne pas être gêné par les eaux, de commencer par la partie la plus basse du terrain. On creuse d'abord le canal de décharge ou *collecteur* et, successivement, chacune des petites lignes qui doivent s'y déverser.

C'est le contraire pour les tuyaux; on les pose en commençant par le haut. Il est bon, pour cette opération, de se servir d'un outil appelé *pose-tuyaux* et de ne poser à la main que les tuyaux collecteurs.

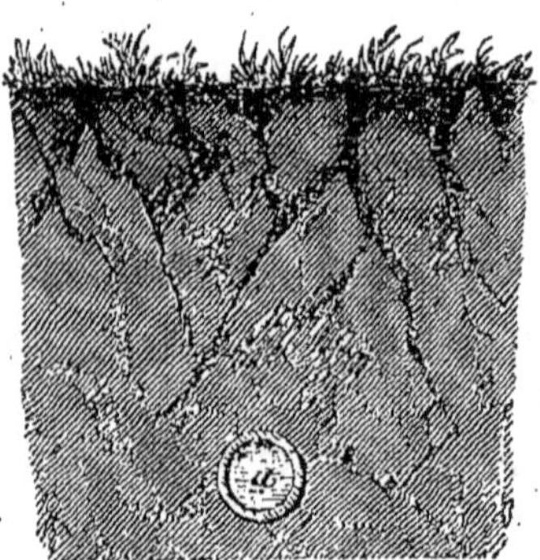
Drain en place.

Lorsque les tuyaux sont placés, on les recouvre avec des cailloux, de l'argile, de la terre, mais jamais avec du sable; il faut aussi avoir soin de bien tasser la terre au fur et à mesure du remplissage.

Un exemple rendra sensible l'effet du drainage sur une terre : Si un pot à fleurs dont les trous du fond sont bouchés, est arrosé souvent, la plante meurt à cause de l'excès d'eau; si, au contraire, les trous sont débouchés, la plante végète très bien; le même effet se produit dans les terres trop mouillées.

Le drainage d'un hectare coûte de 200 à 250 francs et dure presque indéfiniment.

5. *Irrigations.* — A l'exception de certaines, mais trop rares contrées de l'arrondissement de Lure, nous n'avons que peu d'irrigations dans le département, et cependant un grand nombre de prairies profiteraient beaucoup de cette bienfaisante opération.

L'irrigation est l'inverse du drainage : irriguer des terres, c'est les arroser au moyen de rigoles. On amollit ainsi et on enrichit le sol, on rafraîchit les plantes qui souffrent de la sécheresse

Les meilleures eaux à employer pour irriguer sont celles qui proviennent des rivières, des ruisseaux : car elles sont chaudes, aérées et souvent chargées de principes fertilisants ; celles, au contraire, qui ont coulé sur des terres ombragées, celles qui sortent des marais, des tourbières sont nuisibles aux plantes ; il ne faut les employer qu'après les avoir laissées courir à l'air pendant quelque temps.

Les irrigations se font de trois façons différentes : par *reprise d'eau*, par *infiltration*, par *submersion*.

Lorsque l'on irrigue par *reprise d'eau*, il faut s'assurer d'un réservoir convenable, ou en établir un en une partie plus élevée que le terrain à irriguer ; puis on dispose trois sortes de rigoles qui devront avoir au moins 0,02 centimètres de pente par mètre : 1° une *rigole principale* qui longe le bord supérieur de la prairie ; 2° *des rigoles de distribution* qui s'embranchent perpendiculairement sur la rigole principale, et 3° des *rigoles d'arrosage* qui ne sont, par le fait, que des ramifications des rigoles précédentes, sur lesquelles elles s'embranchent deux à deux. Il est évident que les dimensions de ces rigoles dépendent de la quantité d'eau et de terrain dont on dispose.

On irrigue par *infiltration* plutôt les champs et les jardins que les prairies, au moyen de rigoles comme celles dont il est question plus haut, mais sans drains pour que l'eau s'infiltre peu à peu dans le sol.

Irriguer par *submersion*, c'est couvrir complètement d'eau un terrain sur lequel on la laisse plus ou moins longtemps. Ce mode d'irrigation convient aux prairies qui ont peu de pente, en profitant des crues d'eau qui se produisent ordinairement sur la fin de l'automne, et que l'on règle par des digues ou des barrages.

On irrigue en automne après les semailles, au printemps

pour activer la végétation, mais moins souvent à cette saison, dans notre pays surtout, puisqu'elle est rarement sèche.

Questionnaire.

1. Qu'est-ce qu'un défrichement, une friche? y en a-t-il beaucoup dans le département? — 2. Comment se fait un défrichement? — 3. Qu'est-ce qu'assainir une terre? — 4. Parlez-nous du drainage, dites-nous comment il se fait. — 5. Qu'entendez-vous par irrigation, comment et de combien de façons peut-on irriguer?

CHAPITRE X

PRÉPARATION DU SOL (*Suite*). — LABOURS.

1. En agriculture, les labours s'exécutent avec la cnarrue ; ils sont la plus importante des façons données à la terre pour lui communiquer les qualités nécessaires à une bonne production.

On laboure pour rendre le sol plus sensible aux influences atmosphériques, aux pluies, aux rosées, à la chaleur, à l'air, etc.; on laboure pour faciliter dans le sol remué le développement des racines, qui trouvent alors plus aisément la nourriture dont elles ont besoin ; on laboure enfin pour ramener à la surface du sol la terre végétale qui n'a pas reçu encore l'influence fertilisante de l'atmosphère, et pour la mélanger avec la terre déjà cultivée.

De la forme des pièces de terre dépend la direction qu'il convient de donner aux labours ; ordinairement on dirige les sillons dans le sens de la plus grande dimension.

On appelle *sillons* les raies ouvertes par la charrue ; il est bon de les tenir obliquement à la pente, de manière à rejeter la terre vers le bas quand on monte, et à la renverser vers le haut quand la charrue descend. Faire le contraire est absolument mauvais.

2. On distingue les labours en *labours superficiels* et en *labours de défoncement*.

Par les labours superficiels, on n'entame le sol qu'à la surface 0,08 à 0,12 centimètres au plus ; ils sont très bons aussitôt après la moisson (déchaumages) et avant les semailles.

Les labours ordinaires sont plus profonds que les précédents ; ainsi que leur nom l'indique, ce sont ceux qui sont le plus ordinairement employés ; ils remuent la couche arable dans toute son épaisseur, et varient, suivant la profondeur du sol, de 0,15 à 0,40 centimètres de profondeur.

Lorsque le sous-sol s'y prête, il est bon, dans les terres peu profondes surtout, d'en amener chaque année une petite portion à la surface, afin d'augmenter d'autant l'épaisseur de la couche végétale.

Une terre n'est vraiment en bon état de culture que quand elle a reçu plusieurs labours à différentes profondeurs ; on commence par un labour superficiel, on continue par des labours plus profonds qui remuent le sol et le mélangent avec les engrais.

Les labours de défoncement ou *profonds* sont ceux qui pénétrent au-dessous de la couche de terre atteinte par les labours ordinaires ; ils ne doivent s'exécuter que de temps en temps.

Ces labours sont avantageux : ils augmentent l'épaisseur de la couche arable, ils assainissent les terres et rendent plus facile la végétation des plantes racineuses. Mais s'ils sont faits mal à propos, ils peuvent être quelquefois très nuisibles. Un sous-sol qui n'a jamais été en contact avec l'air, ne possède que peu ou point de fertilité ; il est donc nécessaire de ne le labourer que graduellement avant l'hiver, pour que, grâce aux gelées de cette saison, la terre puisse se déliter et mûrir.

Les labours de défoncement peuvent être exécutés à la

bêche ; mais il est beaucoup plus économique de se servir d'une charrue défonceuse.

3. On laboure sous trois formes différentes : à *plat*, en *planches* et en *billons*.

Une terre est labourée à *plat*, lorsqu'elle offre une surface régulière que ne découpe aucune dérayure ; dans ce labour, toutes les bandes de terre sont inclinées du même côté, et il ne reste, le travail terminé, qu'une seule jauge formée par le dernier sillon. Ce labour est avantageux ; il supprime les longs contours, les enrayures et les dérayures indispensables dans les autres labours ; il conserve à la terre la régularité de sa surface.

Ce labour peut s'exécuter avec la charrue ordinaire, mais il est beaucoup plus facile avec le brabant double.

Un labour est en *planches*, lorsque la pièce labourée se trouve divisée en parties plus ou moins larges, séparées par des *dérayures* ou *jauges*. On appelle *planches* les parties ainsi séparées.

Ce labour s'exécute soit en *adossant*, soit en *refendant*.

Pour labourer en *adossant*, on commence par enrayer au milieu de la planche ; on détache une première bande, puis une seconde que l'on incline contre la première ; on tourne ensuite à l'entour de ces deux bandes appelées *à-dos* jusqu'à ce que l'on soit arrivé aux limites de la planche.

Pour labourer en *refendant*, on enraye sur les deux côtés de la planche, on incline les bandes de terre opposées l'une à l'autre et on déraye au milieu.

On laboure en *billons* quand, au lieu de planches, on divise son terrain en parties fort étroites et très bombées au milieu ; ces parties de terre s'appellent *billons*.

Cette culture, préconisée par quelques-uns, nous semble avoir plus d'inconvénients que d'avantages. En effet, si on a des billons assez étroits, elle n'est qu'une jachère déguisée, laquelle est presque du quart de la propriété; puis on ne peut, dans une terre en billons, se servir, pour biner et sarcler, d'aucun des instruments abréviateurs de la besogne, si utiles cependant et si économiques.

On dit, en faveur de ce mode de culture, que l'aération des terres y est plus facile; dans les semis en lignes la plante est tout aussi aérée et beaucoup moins exposée à la gelée. Bref, nous préférons de beaucoup le labour en planches ou à plat, suivant la dimension et la disposition des pièces cultivées, au labour en billons.

4. Le nombre de coups de labour à donner à une terre, d'une récolte à une autre, dépend de sa nature; si elle est argileuse, à cause de sa tenacité, elle demandera de fréquents labours; si elle est sableuse, au contraire, il lui en faudra beaucoup moins. Les plantes non plus n'exigent pas toutes les mêmes labours: celles qui ont de grandes racines en demandent plus que celles qui sont peu racineuses.

Nous ajouterons enfin que plus les labours sont nombreux, plus les récoltes sont abondantes. Lorsque l'on sème comme on le fait trop souvent dans la Haute-Saône, après un ou deux labours seulement, on compromet sérieusement le rendement. Au contraire, plusieurs labours donnés en temps convenable et utile augmentent la production: la terre est mieux ameublie, les plantes nuisibles sont détruites; tout concourt enfin à produire une bonne récolte.

Questionnaire.

1. Pourquoi et comment laboure-t-on? Qu'appelle-t-on sillons?
2. Expliquez-nous les différentes sortes de labours. — 3. Qu'entendez-vous par labours à plat, en planches et en billons, et qu'est-ce que labourer en adossant et en refendant? — 4. Combien doit-on donner de coups de labour à une terre?

CHAPITRE XI

1. *Hersage*. — Avec le labour on ne fait que retourner la terre ; le hersage complète ce travail ; il divise le sol, l'émiette et le rend ainsi plus propre à produire tout ce qu'il doit pouvoir produire. On herse encore pour enlever les mauvaises herbes, pour mélanger au sol des engrais et le préparer à recevoir des semences, pour recouvrir ces dernières quand elles sont semées. Enfin, il est très bon de herser au printemps les récoltes trop épaisses et les prairies pour les nettoyer des mousses, etc., qui les étouffent.

Pour pulvériser la terre, on herse tantôt en long, c'est-à-dire dans le sens des sillons, tantôt perpendiculairement à ces mêmes sillons ; quelquefois on donne un hersage croisé. Ces divers procédés s'emploient tous très utilement suivant les circonstances.

De quelque façon que se fasse le hersage, il faut avoir soin, lorsqu'on l'exécute, de faire passer l'instrument sur toutes les parties du champ, et de veiller à ce qu'il y ait coïncidence entre les trains.

Le hersage en rond, qui heureusement n'est pas souvent employé, est défectueux : car on ne peut le faire sans que la herse opère de temps en temps dans la direction des sillons, ce qui, on le comprend, n'a pas grande utilité.

Un seul hersage ne suffit pas à une terre pour la mettre en état ; on en fait un deuxième en donnant à la herse une direction opposée à celle qui a été suivie la première fois. Du reste, le nombre de coups de hersage à donner dépend évidemment de l'état et de la nature de la terre à cultiver. On conçoit en effet que, si elle est légère, elle ait besoin de moins de coups de hersage que si elle est compacte avec des mottes qui, en se desséchant, acquièrent une grande dureté ; il en est de même des terres sèches, qui, avec la herse, se pulvériseront bien plus facilement que des terres humides.

2. *Roulage.* — Une terre qui ne serait que labourée et hersée n'offrirait pas un assez solide appui aux plantes, qui souffriraient aussi plus facilement de la sécheresse ; il faut, pour y comprimer l'humidité, la tasser, la comprimer au moyen d'un instrument énergique : cet instrument s'appelle *rouleau.*

On roule une terre avant et après les semences, surtout lorsqu'elle a été soulevé par les gelées. Il est très bon de rouler les céréales au printemps, elles prennent du pied et sont moins sujettes à la verse.

Le rouleau sert aussi à briser les mottes qui ont résisté à la herse ; on le choisit plus ou moins énergique, suivant la nature des terres à traiter. Pour que le roulage produise de bons effets, il ne faut pas que la terre soit trop humide : car, ou elle s'attache au rouleau, ou les mottes trop humides ne sont qu'aplaties, ce qui dans les deux cas est plus nuisible qu'utile.

Le rouleau n'est pas difficile à conduire ; il faut avoir soin de le passer, comme la herse, sur toutes les parties du champ.

3. *Semailles.* — L'action de semer s'appelle *semailles ;*

on sème à la volée ou au semoir; ce dernier moyen est de beaucoup le meilleur : il économise du temps et de la semence et rend beaucoup plus facile la culture à donner aux plantes pendant la végétation; nous en recommandons vivement l'emploi. Il est trop peu usité dans la Haute-Saône, où presque toujours on sème à la volée,

Semaille à la volée.

c'est-à-dire qu'un homme lance, avec la main, des grains qu'il porte dans un grand tablier attaché autour de lui.

Binages. — On nomme binages les façons que l'on donne à une terre après qu'elle est semée, pour l'ameublir et détruire les mauvaises herbes.

Le binage est certainement une des opérations les meilleures et les plus utiles de la culture; il empêche l'action de la sécheresse sur le sol, qu'il maintient en même temps ouvert à l'action efficace de l'air et des rosées; il détruit les plantes nuisibles qui épuisent le sol aux dépens de celles qu'on y cultive et qu'elles étouffent.

On ne peut fixer le nombre de binages à donner à une terre : le premier se donne quand la plante commence à végéter, et les autres successivement. Cette opération est utile à toutes les plantes, même au blé quand il est semé en ligne. Elle s'exécute avec la binette, la houe à main ou la houe à cheval, et convient à tous les sols. Il est à désirer qu'elle se fasse partout.

Sarclages. — Lorsque les plantes sont semées trop épais et ne peuvent être travaillées au moyen de la *binette*, on a recours au sarclage, c'est-à-dire que l'on débarrasse, à la main généralement, les plantes cultivées des mauvaises

6

herbes qui les étranglent. En un mot, binages et sarclages ont le même but et ne diffèrent que par la façon dont ils sont exécutés.

Buttages. — On appelle buttage l'opération qui a pour but d'amasser de la terre au pied des plantes, de manière à les entourer d'une butte plus ou moins forte. Exécutés à temps et lorsque les plantes sont encore jeunes, les buttages sont très avantageux. C'est à la main qu'ils se font ordinairement, en ramassant avec un *crochet* ou une *houe plate* (tranche) la terre autour des plantes, qui ne peuvent être buttées que si elles sont en lignes et assez écartées. On butte surtout la pomme de terre.

Buttoir.

Depuis quelques années on butte avec une grande économie de temps au moyen d'un *buttoir*. C'est une sorte de petite charrue sans avant-train, munie d'un double soc et d'un double versoir dont les ailes peuvent se rapprocher ou s'écarter à volonté. Cet instrument conduit par des chevaux est précieux lorsque la main d'œuvre est rare ; mais il ne vaut pas le buttage à la houe, car il ne fait qu'ébranler le sol dans le voisinage des plantes, tandis qu'avec la houe on le laboure complètement.

Questionnaire.

1. Quel est le but du hersage et comment s'exécute-t-il ? — 2. Parlez-nous du roulage et de la façon dont il doit être fait. — 3. Qu'entend-on par semailles, binages et sarclages ? — 4. Qu'est-ce que le buttage ? comment se fait-il ? et dites-nous ce que c'est qu'un buttoir.

CHAPITRE XII

ASSOLEMENTS.

1. Lorsque l'on reprend ou que l'on crée une culture il faut, avant tout, étudier quelles plantes on doit cultiver, l'ordre dans lequel les récoltes devront se succéder; en un mot, quel système de culture il convient d'adopter.

Le mode de culture qui règle ainsi ce que chaque partie de terre doit produire annuellement, s'appelle assolement.

On entend donc par *assolement* l'ordre dans lequel les plantes se succèdent sur une terre, pendant un nombre d'années déterminé, au bout desquelles on recommence la même succession dans le même ordre.

On donne aussi à ce système le nom de *rotation;* les deux mots ont aujourd'hui dans le langage agricole la même signification; autrefois, on entendait par *assolement* la division du sol en parties affectées chacune temporairement à une récolte particulière, et par *rotation* l'ordre dans lequel ces récoltes se succèdent. Ces parties s'appellent *soles, pies* ou *saisons.*

En un mot, il y a dans un assolement autant de *soles* qu'il y a d'années dans la rotation complète du système de culture.

2. La règle générale et invariable à suivre dans les assolements est celle-ci : il faut toujours faire succéder une plante *améliorante* (plantes sarclées) à une plante *épuisante, salissante*, ou laisser la terre en *repos* pendant un temps quelconque, sans y rien semer.

Une plante *améliorante* est celle qui laisse dans le sol de nombreuses feuilles comme engrais, qui exige, pour végéter, des travaux qui remuent la terre et détruisent les mauvaises herbes, tels sont : les *trèfles*, les *betteraves*, les *pommes de terre*, etc., etc.

On appelle plantes *épuisantes* ou *salissantes* celles qui mûrissent sans exiger de culture d'entretien, ou qui, après la récolte, ne restituent rien au sol, ou ne lui laissent que des racines, telles sont les céréales, le chanvre, etc. En un mot, toutes les plantes récoltées après complète maturité de leurs graines sont des plantes épuisantes.

Le progrès chasse la jachère ; cependant elle existe dans une partie du département de la Haute-Saône ; nous croyons devoir en dire un mot, bien que nous la condamnions presque absolument.

3. On appelle *jachère* une terre qui, quoiqu'en état de culture, est laissée en repos pendant un an sans rien produire ; si ce repos n'est que de 6 mois, il s'appelle *demi-jachère* ; exemple : une récolte enlevée au printemps qui n'est remplacée qu'à l'automne.

Lorsque l'on fait une jachère, on ne doit pas se borner à laisser la terre improductive ; il faut lui donner plusieurs façons pour détruire les mauvaises herbes, afin qu'elle soit en état de produire l'année suivante.

Cette méthode a eu sa raison d'être à d'autres époques et peut encore, dans certains cas, avoir quelques avantages, par exemple, si l'on a beaucoup de terres et peu d'engrais, et encore, mieux vaudrait remplacer la jachère par des prairies artificielles, telles que le *trèfle*, la *luzerne* ou le *sainfoin*, qui épuisent peu le sol, exigent peu d'engrais et de main-d'œuvre. En toute autre circonstance, il y a évidemment abus à laisser improductive, une année sur trois, une partie de son exploitation.

Il y a, dans l'arrondissement de Lure, certaines parties, qu'on appelle *fouillis-terres*, qui produisent naturellement des genêts ; on les laisse végéter cinq à sept années ; on les brûle sur place, on en étend les cendres et on y sème alors du seigle qui y végète très bien ; puis on laisse de nouveau repousser les genêts (genêt à balais.)

On divise encore la culture en culture *intensive* et en culture *extensive*.

4. On appelle culture *intensive* celle qui ne recule devant rien pour produire le plus possible. C'est celle qu'il serait désirable de voir adopter ; mais le défaut de capitaux s'oppose presque toujours à ce qu'il en soit ainsi.

La culture *extensive* est celle qui va en tâtonnant, fertilise le sol petit à petit, cultive peu les plantes sarclées et se contente d'un modique bénéfice.

5. Notre désir est de voir l'assolement libre adopté partout ; mais il se passera un long temps encore avant qu'il soit réalisé ; nous allons donc expliquer les diverses sortes d'assolements. Ils sont : *biennal* (2 ans) : 1re année, *jachères ;* 2e année, *céréales ; triennal :* 1re année *jachère ;* 2e année, *céréales ;* 3e année, *avoines.*

C'est ce dernier assolement qui est surtout suivi dans la Haute-Saône ; en général, on cultive une grande partie de la jachère, qui reçoit des pommes de terre, etc. Malgré cette coutume qui est une sorte de correctif, cet assolement est défectueux : car il n'est pas rationnel de faire succéder une avoine à un blé, c'est-à-dire une céréale à une autre céréale. Nous préférons un des assolements suivants :

1re *année*, pommes de terre, navets avec fumier;

2e   »   orge;

3e   »   trèfle.

Ou bien encore :

1re *année*, pommes de terre, navets avec fumier;

2e   »   orge, ou seigle de printemps, ou sarrasin,

3e   »   lupuline.

Ou bien :

1re *année*, pommes de terres fumées et binées;

2e   »   avoine;

3e   »   trèfle.

Les assolements de 3 ans ne devraient s'appliquer qu'aux terres pauvres ou médiocres. L'assolement de 4 ans exige un sol meilleur.

Exemple :

1re *année*, pommes de terre, betteraves ou choux avec
                    fumure;

2e   »   orge ou avoine;

3e   »   trèfle;

4e   »   froment ou colza d'hiver.

Dans les bonnes terres argileuses, on peut faire des assolements de 4 et 5 ans et de 6 ou 7 ans, quand elles sont très bonnes.

Exemple :

1re *année*, colza fumé;

2e   »   froment;

3e   »   trèfle;

4e   »   avoine;

5e   »   pommes de terre, ou betteraves avec fumier;

6e   »   froment.

Il y a encore les assolements *alternes* et les assolements *libres*.

On donne le nom d'assolements *alternes* à ceux dans

la combinaison desquels entrent les prairies artificielles. Ils sont appelés ainsi parce que, pour éviter la succession des céréales, on fait *alterner* une récolte qui *salit* le sol avec une qui le nettoie et l'*amcublit ;* ainsi dans l'*alternat*, tout se confond, le champ qui une année porte des plantes fourragères, porte l'année suivante des céréales, et réciproquement. Avec cette culture qui se suffirait à elle-même, on pourrait, à la rigueur, se passer de prairies naturelles.

Exemple :

1re *année*, racines fumées;
2e   »   céréales de printemps;
3e   »   trèfle;
4e   »   céréales d'automne;
5e   »   fourrages annuels;
6e   »   colza avec demi-fumure;
7e   »   céréales d'automne;
8e   »   luzerne.

6. Ces exemples d'assolement ne doivent pas être considérés comme des modèles à suivre aveuglément; ils n'ont d'autre but que de faire connaître dans quel ordre à peu près les récoltes peuvent se succéder. Chacun, en cela, doit consulter ses convenances personnelles, et ne pas oublier que le meilleur assolement est celui qui donne le plus de bénéfices sans épuiser, ou même en améliorant le sol.

Ce qu'il faut, c'est amener la culture à un état tel de fécondité que l'on puisse avoir un assolement libre, c'est-à-dire produire toutes espèces de plantes suivant ses besoins.

Toutefois, nous dirons en terminant qu'il faut intercaler les récoltes épuisantes et les récoltes améliorantes; qu'il faut fumer abondamment les récoltes sarclées et les faire revenir assez souvent pour que leur culture amène la destruction complète des mauvaises herbes; qu'il faut enfin faire assez de plantes fourragères pour nourrir convenablement une grande quantité de bétail.

Ce n'est pas tout encore : il faut, avant de combiner un assolement, tenir compte des besoins de l'exploitation, des débouchés, de la quantité de bétail dont on peut disposer. C'est au cultivateur à peser mûrement toutes ces diverses considérations et à décider en parfaite connaissance de cause.

Avant d'arriver aux plantes à cultiver, nous croyons devoir dire un mot des constructions rurales qui, comme presque partout, dans la Haute-Saône principalement, sont défectueuses quelquefois et souvent mauvaises. En effet, nous voyons trop généralement la maison du cultivateur établie en contre-bas du sol extérieur, trop basse de plafond, mal aérée, mal éclairée par d'insuffisantes croisées que l'on n'ouvre presque jamais, humide par conséquent, et ayant souvent à deux pas de sa porte mal close un tas de fumier ou une mare infecte qui reçoit les eaux de l'écurie ou d'autres égouts non moins malpropres.

Ajoutez à cela qu'on laisse souvent séjourner dans la maison des objets sales, des épluchures, des débris de toutes sortes qui se pourrissent, etc. ; puis le soir arrive et toute une famille, souvent nombreuse, vient s'entasser et dormir dans des chambres étroites, aux murs souvent garnis de salpêtre. Aussi, pendant la nuit on y respire un air absolument malsain. Si ce n'était le bénéfice de l'air pur et vivifiant qu'ils respirent hors de chez eux au milieu des champs et pendant qu'ils s'y rendent, bien des travailleurs du sol succomberaient avant l'âge aux effets de l'insalubrité des lieux qu'ils habitent ; mais ne vaut-il pas mieux, puisqu'on le peut, respirer un air sain, la nuit comme le jour ? La santé, ce bien suprême, y trouvera son compte.

Toutefois, on peut constater déjà de grandes améliorations qui se produisent un peu partout ; espérons qu'elles se continueront et que, peu à peu, maisons d'habitation, écuries, bergeries, etc., toutes les constructions enfin seront exécutées dans de bonnes conditions de propreté, de solidité et de commodité.

Il faut qu'une ferme soit simple, économiquement construite, que chaque chose y ait sa place marquée, que tout y soit propre et solide.

On ne peut rien prescrire quant aux dimensions à donner aux bâtiments nécessaires ; ils sont subordonnés aux usages locaux et aux besoins de l'exploitation.

Dans la Haute-Saône, on a l'habitude de tout grouper dans le même bâtiment, quelle que soit l'importance de l'exploitation ; cette coutume est mauvaise, surtout pour les moyennes, et, à plus forte raison, pour les grosses cultures. En effet, lorsque, sous un même toit, se trouvent la famille, les animaux, les récoltes, tout peut être perdu par un sinistre, un incendie par exemple, dont les causes seront, par cette disposition, bien plus fréquentes, les effets beaucoup plus terribles ; les insectes et autres animaux nuisibles qu'attirent les granges et les écuries, incommodent les habitants, etc.

Toutefois, tant que l'on ne changera pas cette habitude qui est vraiment locale, nous engageons le cultivateur qui construit une ferme à éviter les lieux humides, à construire solidement et économiquement, ce qui n'est pas incompatible ; à donner du jour et de l'air là où hommes et animaux doivent habiter ; à placer autant que possible ses principales ouvertures au midi et à séparer par de bons murs de *refend* la partie occupée par la famille, de celle qui est occupée par les animaux, et celle-ci de celle qui est occupée par les récoltes.

Nous préférons, quant à nous, pour les cultures moyennes, deux bâtiments en retour d'équerre sur le bâtiment principal : celui du levant pour les animaux, l'autre pour les granges et pour les hangars. Dans les grandes cultures, on peut fermer le carré par des bergeries, ou par un mur, si déjà elles sont placées dans les autres constructions. Dans l'un comme dans l'autre cas, la porcherie, la basse-cour, seront à part. On comprend qu'avec des bâtiments ainsi disposés, la surveillance est plus facile et les conséquences d'un incendie, si ce malheur arrive, bien moins terribles.

Nous savons bien que l'on n'est pas toujours maître de construire comme on le veut; mais enfin, autant qu'on le peut, il faut se rapprocher des types que nous avons signalés. Que chacun cherche à se loger le mieux et le plus hygiéniquement possible, car il ne faut pas l'oublier, la santé est le souverain bien.

Nous dirons comment les animaux doivent être logés lorsque nous parlerons spécialement de chacun de ceux que l'on a ordinairement dans une ferme.

Questionnaire.

1. Qu'entend-on par assolement, par rotation, soles, pies ou saisons ? — 2. Quelle règle faut-il suivre dans les assolements ? — 3. Parlez-nous de la jachère. — 4. Qu'entendez-vous par culture intensive et par culture extensive ? — 5. Citez-nous des modèles d'assolements. — 6. Quelles conditions générales faites-vous relativement aux assolements ? Dites-nous quelques mots des constructions rurales.

CHAPITRE XIII

PLANTES A CULTIVER.

Nous avons dit qu'au lieu des six divisions par les
quelles on distingue ordinairement les plantes agricoles,
nous trouvions plus facile de n'en faire que trois qui sont :
les *céréales*, les *plantes fourragères* et les *plantes industrielles.* Nous allons les passer successivement en revue.

  1. *Céréales.* — La plus importante des céréales est assurément le *blé* ou *froment* ; ses variétés sont excessivement
nombreuses. On les distingue en deux classes principales:
les *froments nus* et les *froments vêtus.* On appelle *froments nus* ceux dont la balle ne se détache qu'avec peine.
Ces derniers sont aussi appelées *épeautres.* Cette espèce
n'est guère cultivée en France que dans quelques pays de
montagnes, comme les Vosges.

L'épeautre talle peu et vient moins haut que le froment
ordinaire ; ses épis sont aplatis, se recourbent comme
ceux du seigle et s'égrènent difficilement à la batteuse; aussi,
le fait-on ordinairement passer deux fois à la meule,
la première fois pour enlever la balle, et la deuxième pour
moudre le grain. Il est fâcheux qu'il ait cet inconvénient;
sa culture est, sous beaucoup de rapports, assez avantageuse : il est robuste, végète dans des terres maigres et
sèches et ne redoute ni l'humidité, ni l'hiver, si rigoureux

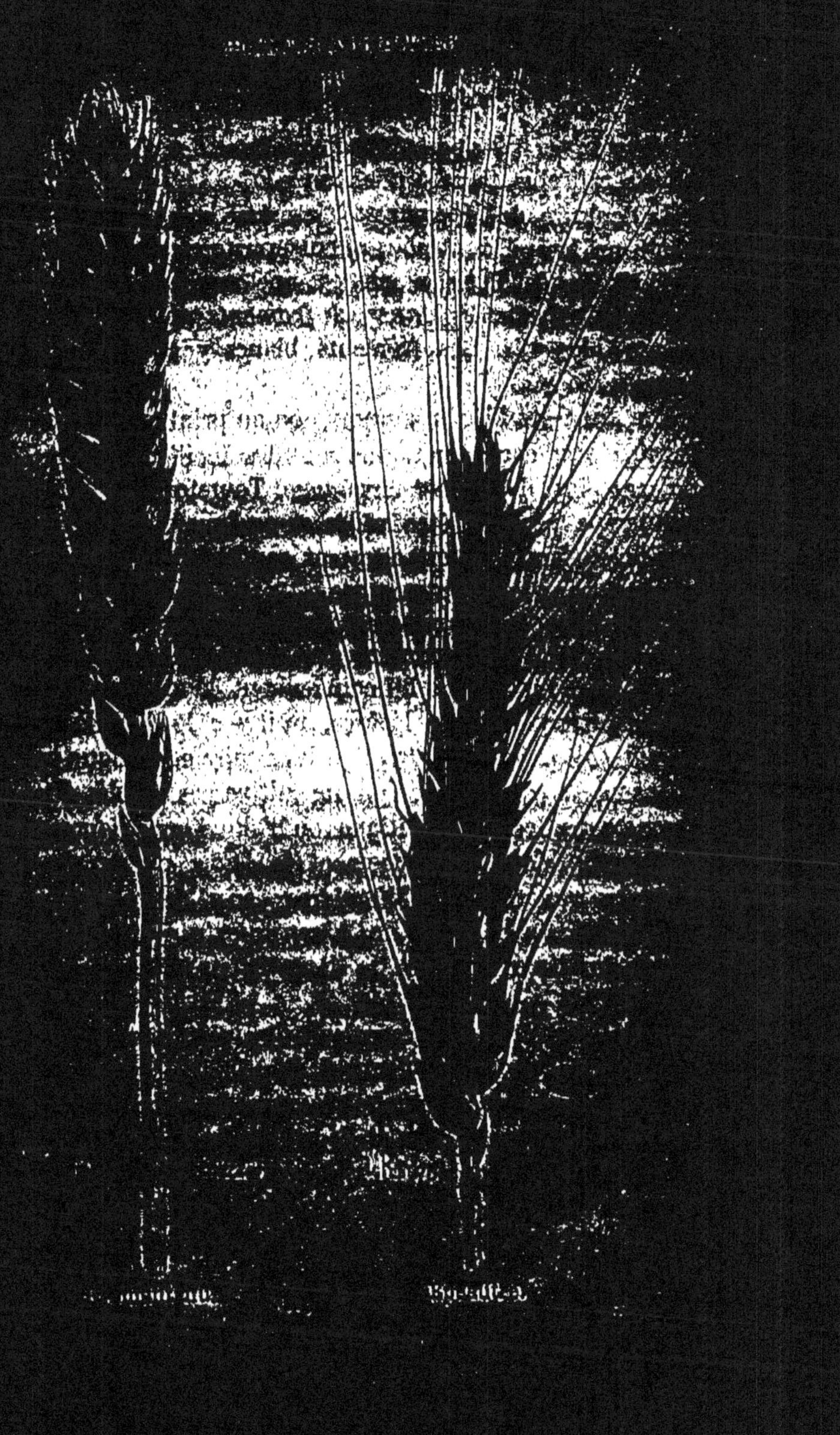

qu'il soit ; sa farine est très blanche et donne, dit-on, à poids égal, plus de pain que l'autre.

La culture de l'épeautre est la même que celle du froment ordinaire, dont nous allons nous occuper plus loin.

La halle de Paris a adopté une autre classification encore : 1° *froments blancs*, 2° *froments rouges*, 3° *froments bigarrés*. Les froments blancs y sont les plus estimés.

On sème les blés en automne ou au printemps suivant les variétés ; ceux d'automne sont les meilleurs, ils produisent plus, ils *tallent* davantage. Toutefois, les blés de printemps peuvent être utiles et quelquefois remplacer les blés d'automne qui auraient souffert de la gelée, ou manqué pour toute autre cause.

2. Le blé pousse dans toutes les terres assez consistantes et susceptibles de se conserver un peu humides.

Toutefois, celles qui lui conviennent le mieux sont les terres fortes plutôt que légères, où il y a de l'argile sans qu'elle soit prédominante et où le calcaire ne manque pas.

Disons en passant que l'on ne cultive pas les blés d'automne dans des sols granitiques ou d'alluvions qui forment une partie de l'arrondissement de Laon, ni non plus à altitudes qui excèdent 700 mètres ; aussi les cantons de Faucogney, de Melisey et de Champagney, qui sont les plus élevés du département de la Haute-Saône, produisent-ils peu de blé.

Le blé réussit parfaitement après les plantes sarclées, et tous les engrais lui conviennent.

Il est très bon de bien choisir sa semence, de la changer même de temps en temps et de la chauler en la plongeant pendant trois ou quatre jours dans un bain de chaux, que nous préférons de beaucoup au *vitriol* et à l'*arsenic*, employés dans le même but, mais qui offrent des dangers.

On sème à la volée ou au semoir. Ce dernier moyen est le meilleur incontestablement ; il économise la semence et rend possible les sarclages et les binages, dont l'action sur la végétation est si remarquable. On emploie généralement, dans la Haute-Saône, de 2 hectolitres à 2 hectolitres 1/2 par hectare; on va même jusqu'à 3, mais ce chiffre est exagéré. Avec le semoir, nous le répétons, on diminuera beaucoup cette quantité, surtout si, parallèlement à ce progrès, on en réalise d'autres dans la préparation du sol. Ainsi nous avons vu une ferme dans le Nord qui est arrivée à semer à raison de 66 litres seulement par hectare avec un rendement moyen; à la récolte, de plus de 40 hectolitres par hectare, même après trèfle. Inutile d'insister sur l'avantage économique d'une semblable méthode, si elle se généralisait.

En mai ou en juin, il faut arracher les mauvaises herbes qui commencent à envahir les blés ; elles sont nombreuses : les *chardons*, le *chiendent*, les *bluets*, les *nielles*, les *liserons*, etc.

Nous recommandons encore une fois de biner les blés, soit à la main, soit à la houe. Cette opération leur est des plus profitables.

3. *Seigle.* — Le seigle est robuste ; il croît sur un sol pauvre, mûrit de bonne heure, donne un produit assuré, et ses tiges sont très utiles pour faire des liens. Dans l'arrondissement de Lure on le cultive fréquemment ; dans celui de Vesoul et celui de Gray on ne le cultive guère que pour faire des liens.

Les fumiers de vache et de porc, surtout lorsqu'ils sont très pourris, sont les engrais qui lui conviennent le mieux.

Il se sème en septembre et même en octobre (on remarque que le seigle semé tard graine mieux que l'autre), dans la proportion de 150 à 200 litres à l'hectare, si on le sème à la volée.

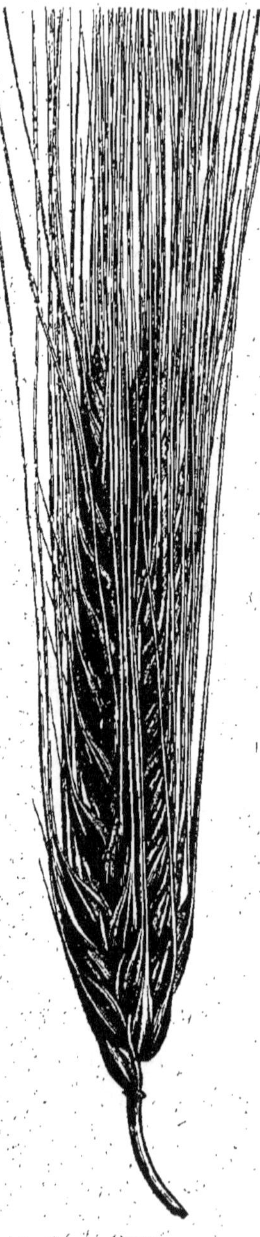

Orge.

Si on ne le laisse pas mûrir, qu'on le coupe au printemps comme le fourrage vert, on aura pour les vaches laitières une très bonne nourriture. On peut encore semer en juin, même dans des terres médiocres, du seigle dit de la Saint-Jean ; il donnera à l'automne un bon fourrage vert, repoussera au printemps, et, presque toujours, fournira une bonne récolte de grains à l'automne.

4. *Orge.* — Cette céréale est surtout cultivée en vue de la production de la bière, mais elle est peu avantageuse. C'est pour cela probablement qu'elle est assez négligée dans le département. Elle présente une foule de variétés, elle est dite à *six rangs* ou à *deux rangs.* On l'appelle aussi *escourgeon* ou *scourgeon.* Il faut à l'orge une terre riche ; on la sème, celle d'hiver en octobre, celle d'été, en avril, à raison de 2 1/2 à 3 hectolitres par hectare.

5. *Avoine.* — Cette graine n'est plus employée qu'à la nourriture des animaux ; elle pousse presque partout et n'exige que peu de travaux ; elle s'assimile tous les engrais

et résiste mieux que les autres céréales aux mauvaises
herbes. On sème celle de printemps en février ou mars,
celle d'automne à partir de septembre, à raison de 2 1/2 à
3 hectolitres par hectare. Celle de
mars est la meilleure. Dans la Haute-
Saône, de toutes les variétés de l'a-
voine, qui sont très nombreuses, on
préfère l'*avoine ordinaire*, qui se
divise en *avoine blanche* et en *avoine
noire*.

La noire est sans contredit meilleure que la blanche, elle est plus
nourrissante, plus recherchée des
animaux, et partout en général on
la cultive moins que la blanche.
Cependant certains cultivateurs,
depuis quelques années, font de l'a-
voine noire et s'en trouvent bien.

6. Toutes les céréales, après avoir
été semées, doivent être enterrées
avec une herse à dents de bois et
roulées avant la levée des graines; puis on laisse la végétation se développer elle-même. On ne sarcle pas assez les
céréales dans le département; c'est un tort, car le chiendent
et d'autres mauvaises herbes les envahissent et leur font
souvent beaucoup de mal.

Avoine.

MALADIES DES CÉRÉALES.

7. Les plantes, comme les animaux, sont exposées à
diverses maladies; celles des céréales sont le *mal de pied*
dans les terres humides, la *carie* qui atteint l'intérieur du
grain, la *rouille*. On peut empêcher le mal de pied en

assainissant les terres humides; on prévient la *carie* en faisant un bon choix de semences et en les chaulant. On ne connaît pas de remède certain contre la rouille.

Le seigle est sujet aux mêmes maladies que le blé; mais sa maladie la plus sérieuse est l'*ergot* qui boursoufle les grains et les recourbe en forme d'éperons. Le grain ergoté est brun violet à l'extérieur et blanc à l'intérieur; la farine qui en provient est très dangereuse et peut occasionner de graves accidents. On ne connaît, jusqu'à présent, aucun moyen d'éviter l'ergot. La principale maladie de l'orge et de l'avoine est le *charbon*.

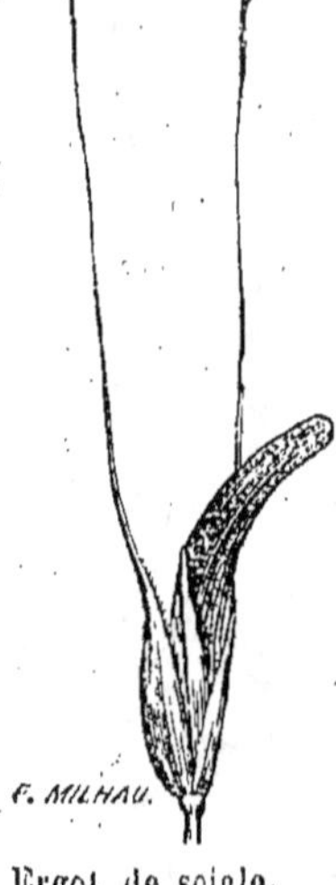

Ergot de seigle.

RÉCOLTE DES CÉRÉALES.

8. La récolte des céréales s'appelle moisson. C'est un grand, un très important travail, auquel il convient d'apporter tous ses soins. On veillera à ce que les *liens* soient faits d'avance, à ce que les chariots, les attelées soient en bon état et à ce que les granges soient bien nettoyées.

C'est avant leur complète maturité, lorsque le grain déjà ferme se laisse encore pénétrer par l'ongle, qu'il faut couper les blés; c'est en javelles, en gerbes mises en moyettes qu'ils doivent achever de mûrir. On évite ainsi l'égrenage et le blé acquiert une qualité supérieure: il est plus clair, plus lisse, a plus de poids et glisse mieux dans la main; la paille elle-même est meilleure.

Le seigle se coupe 4 ou 5 jours seulement avant sa maturité.

L'orge craint les longues pluies à cause de sa grande

facilité à germer ; quand elle est mûre et sèche, les épis se détachent aisément des tiges. Il faut, pour récolter cette céréale, opérer vite, et seulement le matin et le soir.

On coupe l'avoine un peu sur le *vert*, c'est-à-dire bien avant sa maturité ; on perdrait beaucoup de grains si on la laissait mûrir sur pied. Quand elle est coupée, on la laisse *javeler*, c'est-à-dire qu'on la laisse une huitaine de jours sur le sol. Il est même bon que dans cet intervalle le grain reçoive une ou deux ondées de pluie.

Les blés étant coupés soit avec la faucille, soit avec la faulx, soit avec la moissonneuse, il faut, pour assurer leurs qualités, les mettre en *moyettes*.

9. On appelle *moyettes* de petites meules que l'on forme

Moyette.

avec des javelles ou des gerbes pour garantir les céréales contre les pluies, pendant trois, quatre et même cinq semaines, si le mauvais temps persiste, jusqu'à ce que l'on puisse enfin les rentrer définitivement et sûrement.

L'emploi des moyettes est très avantageux, et on ne s'explique pas l'indifférence générale de nos pays pour une opération si simple et si certaine.

Elles remplacent les javelles, qui ne sont possibles que par le beau temps ; elles augmentent considérablement la quantité et la qualité du grain et enfin elles assurent, ce qui est énorme, la bonne rentrée des récoltes.

Dans la Haute-Saône toutes les récoltes en céréales sont rentrées en grange ; des meules sont évidemment moins dispendieuses que des bâtiments, mais le blé est mieux dans ces derniers, il court moins de risques : car, pour qu'une meule soit sans danger, il faut qu'elle soit bien faite ; une infiltration d'eau de pluie peut causer d'énormes pertes.

Quelquefois, trop peu souvent, hélas ! il peut arriver que, pour insuffisance de logements, on soit forcé de recourir aux meules ; il est donc utile de savoir les faire. Il y a pour cela plusieurs manières de s'y prendre ; nous n'en citerons qu'une qui nous semble facile.

On circonscrit, par un fossé, l'emplacement où l'on veut établir la meule ; on rejette les terres sur le terre-plein intérieur pour augmenter sa hauteur. On bat cette surface et on y établit un lit de paille de colza, de fagots, sur lequel on pose les gerbes par couches successives. Il faut avoir soin de renfler la meule vers le centre pour mettre le pied à l'abri de l'écoulement des eaux de pluie. On donne aux meules la forme ronde ou carrée ; on les couvre soigneusement avec de la paille. On a inventé, depuis quelques années, des couvertures en toile goudronnée, en carton bitumé qui, bien qu'un peu plus coûteuses, remplacent avantageusement la paille.

Lorsque la moisson est faite, lorsque les produits sont rentrés, il faut séparer la graine de la paille, ce qui se fait dans le département, en grande partie, au moyen de la batteuse mécanique ; très peu se servent encore du *fléau.*

10. Lorsque le blé battu est mis au grenier, il y a, pour le conserver, plusieurs précautions à prendre : la meilleure, selon nous, est de le laisser dans sa balle en ayant soin d'aérer souvent les greniers, qui doivent être secs et frais ; on ventile aussi le grain en le pelletant pour éviter l'échauffement, quelquefois même on détruit, par cette opération, le charançon dont les ravages sont tant à redouter. On conseille aussi, pour chasser cet insecte ou l'empêcher de se loger dans les tas de blé, d'y mettre des bouquets d'absinthe, de chanvre vert, ou bien, ce qui est préférable, de déposer sur les tas quelques planches enduites de goudron. Il faut avoir soin, dans ce cas, de renouveler l'enduit lorsqu'il est trop sec.

MAÏS OU BLÉ DE TURQUIE.

11. C'est à tort que l'on donne à cette plante le nom de *blé de Turquie,* puisque le maïs nous vient d'Amérique, où les Espagnols le trouvèrent, au moment de la découverte, cultivé en grand par les Incas qui en faisaient leur principale nourriture.

En Franche-Comté on l'appelle *turquie, troquet* en Bourgogne et *millasse* dans le Midi.

Il faut au maïs une terre légère, profonde, un peu fraîche, bien fumée, et préparée par un bon labour de printemps.

Pour le semer on trace des raies de 0,05 ou 0,06 centimètres de profondeur dans lesquelles on laisse tomber 4 ou 5 grains tous les 0,30 centimètres environ ; on utilise les places qui restent vides en y faisant venir des choux repiqués, des haricots, etc. Quelques cultivateurs le sèment

7.

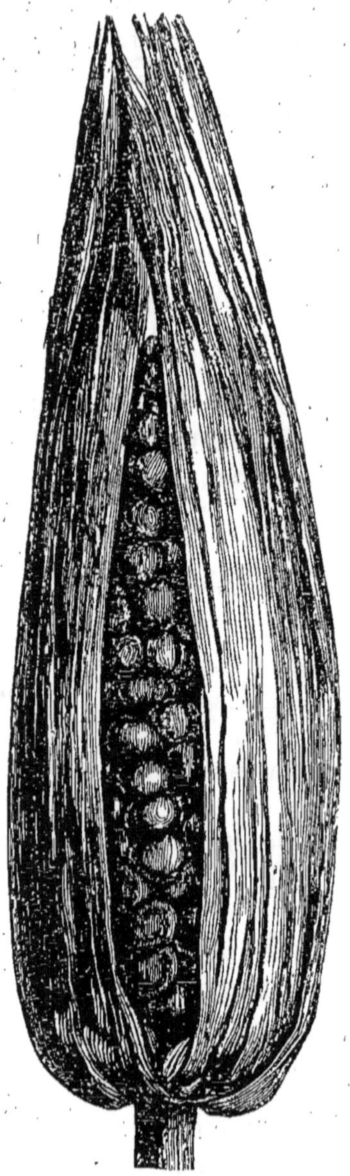

Épi de maïs.

à la volée; c'est une mauvaise coutume à moins que l'on ne veuille l'utiliser comme fourrage, en le coupant vert; dans tous les cas, il ne faut le semer que quand les froids ne sont plus à craindre, fin avril, ou mai; on le bine d'abord; puis quand il a de 0,35 à 0,40 centimètres, on le butte, et enfin vers le mois d'août on le pince, c'est-à-dire qu'on le coupe à sa partie supérieure sur une longueur de 0,20 à 0,25 centimètres; on donne ces rognures au bétail. On le récolte dans la deuxième quinzaine de septembre en arrachant l'épi de la tige; puis, après avoir laissé pendant quelque temps les épis en tas dans un endroit sec et enlevé les feuilles, on les expose à la chaleur d'un four après cuisson du pain, afin de pouvoir les égrener facilement soit à la main, soit à la bêche, soit, ce qui vaut mieux, au moyen d'un fléau.

Les épis séchés s'appellent *raux;* on choisit les

plus beaux pour fournir de la graine l'année suivante.

12. Les usages du maïs sont très variés ; mais dans la Haute-Saône on se borne assez généralement à faire avec sa farine une bouillie qui, sous le nom de *gaude*, entre pour une large part dans l'alimentation de la campagne. Ses feuilles qui sont très flexibles, élastiques et légères, servent à garnir les paillasses, et les chatons, quand ils sont dépouillés, forment un bon chauffage. Les volailles, les porcs que l'on nourrit avec du maïs, engraissent facilement et prennent un goût très fin.

13. *Maïs-fourrage.* — Le maïs, depuis quelques années, s'est tellement généralisé comme fourrage qu'il est devenu pratique sous le nom de *maïs-fourrage*.

Il faut, pour produire avantageusement cette plante, semer de préférence la variété géante dite *caragua* et *dent de cheval*, qui donne un très fort rendement, dans la proportion de 70.000 à 100.000 kilog. par hectare si l'on sème en lignes, et 120.000 à 150.000 kilog. si l'on sème à la volée ; la cultiver ainsi qu'il a été dit pour la variété ordinaire ; puis, la donner en vert, aux vaches laitières surtout, jusqu'à la fin de l'automne ; mais comme alors il reste toujours une grande quantité de feuilles, il faut, pour en jouir pendant une bonne partie de l'hiver, l'ensiloter, ce qui se fait de diverses façons : 1° On met le maïs entier en moyettes ; 2° on le hache vert et on le place sur le sol naturel, en une longue ligne formant dos d'âne que l'on recouvre de paille ou de terre ; 3° on le laisse entier et on l'enterre en fosses évasées, creusées dans le sol, ou bien on le met en lignes comme il vient d'être dit, en le recouvrant dans l'un ou l'autre cas de terre et de paille ; 4° ou bien enfin on le hache menu aussitôt après la coupe et on le place, en le tassant fortement, dans des fosses maçonnées, bien étanchées et arrondies aux angles. Aussitôt que le silo est rempli, on le charge de matières lourdes. Nous croyons que ce dernier moyen, bien que le plus coûteux, est le meilleur et, à la longue, le plus économique. C'est celui que nous recommandons.

Questionnaire.

1. Parlez-nous du blé, dites-nous ses espèces et quelle classification on en fait à la halle de Paris. — 2. Dans quelles terres, comment doit-on semer le blé et quels soins doit-on lui donner? — 3. Dites-nous tout ce qu'il y a à dire sur le seigle. — 4. Comment et pourquoi cultive-t-on l'orge? — 5. Quel est l'emploi de l'avoine; comment se cultive-t-elle et quelles sont ses principales variétés? — Que faut-il faire une fois que les céréales sont semées? — 7. Quelles sont les maladies auxquelles les céréales sont sujettes? — 8. Comment se récoltent les céréales? — 9. Qu'entend-on par moyettes et comment les fait-on? — 10. Comment conserve-t-on les grains? — 11. Qu'est-ce que le maïs? comment le cultive-t-on? — 12. Quels sont les usages du maïs? — 13. Ne se sert-on pas du maïs comme fourrage et comment faut-il s'y prendre pour l'ensiloter?

CHAPITRE XIV

PRAIRIES.

1. On désigne par le nom générique de *prairies* toutes les terres qui sont couvertes de fourrages destinés à la nourriture des animaux, qu'elles soient produites par la nature ou par la culture.

Par *pâturages*, on entend ordinairement des prairies qui ne peuvent être fauchées et qui sont, sur place, broutées par le bétail.

Les prairies se divisent en deux classes : 1° *prairies permanentes* ou *naturelles*; 2° *prairies temporaires* ou *artificielles*.

Les prairies naturelles sont celles qui, depuis de longues années, donnent leurs produits annuels sans avoir été soumises à la culture.

On appelle prairies *artificielles* ou *temporaires* des terres ensemencées de fourrages destinés aux bestiaux, soit à l'état vert, soit à l'état sec. Ainsi, les *trèfles*, la *vesce*, la *luzerne*, le *sainfoin*, etc.

On désigne plus particulièrement sous le nom de *prairies temporaires* des pièces de terre ensemencées en graines de prairies naturelles et destinées à être cultivées après un certain nombre d'années.

2. *Prairies naturelles.* — Les prairies réussissent sous tous les climats, de préférence, toutefois, dans les terres légères bien ameublies et dans les terres sableuses disposées le long des cours d'eaux. Malgré leur végétation naturelle, les prairies demandent des soins d'entretien qui sont trop souvent négligés. Il faut les assainir, les irriguer quand elles en ont besoin; au printemps, on étend les taupinières; on fume avec des fumiers légers, des composts, etc. Il est aussi très bon de les arroser de purin mélangé avec de l'eau.

Lorsqu'une prairie est envahie par de mauvaises herbes, ou couverte de mousses, le meilleur parti à prendre est de la rompre, c'est-à-dire de faire de ces prés des champs, sauf plus tard à les remettre en prés.

Le département de la Haute-Saône, nous l'avons déjà dit ailleurs, est très riche en bonnes et belles prairies; malheureusement, en général, on s'en rapporte beaucoup trop à la nature du soin de les faire produire. A de très rares exceptions près, on n'irrigue pas, et cependant, avec les cours d'eau dont on dispose, on pourrait presque augmenter la fertilité de toutes. Beaucoup aussi ne sont pas convenablement assainies.

L'engrais liquide est celui qui convient le mieux aux prairies.

3. *Foin.* — On appelle *foin* toutes les plantes qui, coupées avant maturité, sont desséchées pour la nourriture des bestiaux. Là où il y a des prairies *naturelles* ou *permanentes*, le mot *foin* s'applique exclusivement aux produits de ces prairies.

Les qualités du foin dépendent de la nature des plantes qui le composent, du sol qui l'a produit, des soins dont il a été l'objet, et de la façon dont il est conservé.

On peut regarder comme très bon celui qui est mangé avidement, qui pousse à l'engrais, qui donne du lait aux vaches et entretient les animaux en bonne santé.

La proportion du foin fournie par les herbes vertes varie selon la nature des plantes et l'époque où il est récolté. Cependant, on estime que 100 parties d'herbes fournissent 25 à 30 parties de foin.

4. *Regain.* — On donne le nom de regain aux récoltes qui suivent, dans les prairies, la récolte principale.

En général, le regain convient peu aux animaux de travail ; il faut le réserver pour les bêtes à l'engrais.

5. *Récolte des foins.* — L'action de récolter les foins s'appelle *fanage*, et l'époque pendant laquelle la récolte a lieu s'appelle *fenaison, fauchaison*. On ne peut préciser le moment où il convient de couper les foins; il dépend du climat, du sol, etc.; ce que l'on peut dire, c'est qu'il faut faire la première coupe au moment de la floraison des plantes ; quant aux regains, on ne les coupe guère qu'en automne.

C'est en général avec la faulx que l'on coupe les foins ; cependant, depuis un certain nombre d'années, dans le département, dans l'arrondissement de Gray surtout, on emploie des faucheuses mues par des chevaux.

Comme pour les moissonneuses, les cultivateurs ont à présent à leur disposition tant et de si bonnes faucheuses qu'ils n'ont véritablement que l'embarras du choix.

Le foin mis en meules se conserve et garde mieux son arôme que le foin bottelé, ou entassé dans un grenier (*fenil*); mais les meules, qui sont très avantageuses dans les pays secs, ont de grands inconvénients là où les pluies sont fréquentes; c'est pour cela que nous n'osons les recommander dans la Haute-Saône.

Quand on entasse le foin dans les greniers, il faut le bien presser, pour que l'air et la poussière y pénètrent le moins possible.

Nous engageons à saler les fourrages ; c'est une coutume aussi avantageuse que peu coûteuse : 12 kilog. de sel par 1.000 kilog. de foin suffisent largement ; tous les foins s'en trouvent bien, surtout ceux qui proviennent des terres humides : ils acquièrent ainsi une saveur très recherchée de tous les animaux.

Si l'on a du foin dont ces derniers, pour une cause ou pour une autre, ne veulent pas, le meilleur moyen de le leur faire accepter, c'est d'abord de le secouer à l'air pour en chasser la poussière, puis de le mouiller, au fur et à mesure qu'on le distribue, avec de l'eau salée, à raison de 6 à 8 kilog. par millier de fourrage.

6. Depuis quelque temps on préconise beaucoup l'ensilage des fourrages verts. Dans sa session de 1882, la Société des agriculteurs de France, après une enquête sérieuse, en a vivement recommandé l'emploi.

Tous les fourrages se prêtent à cette pratique, même les ajoncs, les genêts broyés et hachés et les feuilles de vigne ; on peut tous les utiliser sans aucun mélange avec des matières sèches.

C'est au moment de la floraison, au plus tard, qu'il faut les ensiler, alors qu'ils ont leur maximum d'humidité végétale ; on ne doit, pour cette opération, redouter ni la rosée, ni la pluie ; seule une trop grande siccité a des inconvénients.

Ils se traitent comme le maïs-fourrage dont nous avons déjà parlé, c'est-à-dire qu'il faut, en l'entrant dans des silos faits ainsi que nous l'avons dit, le hâcher, le tasser fortement et même le surcharger de 400 à 500 kilog. par mètre carré.

Questionnaire.

1. Qu'entendez-vous par prairies et par pâturages, et comment divise-t-on les prairies ? — 2. Parlez-nous des prairies naturelles et des soins qu'il faut leur donner ? — 3. Qu'est-ce que le foin et comment le reconnaît-on ? — 4. Qu'appelle-t-on regain ? — 5. Comment se fait la récolte du foin ? — 6. Peut-on ensiler les fourrages?

CHAPITRE XV

PRAIRIES ARTIFICIELLES.

1. L'adoption des prairies artificielles a été l'un des plus considérables progrès de l'agriculture ; elle a contribué pour une large part à la suppression de la jachère, dont nous avons précédemment signalé les inconvénients ; elle a permis d'augmenter le nombre des bestiaux ; elle a été, en un mot, une source de fortune pour toute l'Europe.

Et cependant, ce n'est ni sans peines ni sans efforts que l'on est parvenu à faire admettre cette précieuse innovation.

Aujourd'hui, dans la pratique, on est d'accord qu'il faut avoir, lorsque, bien entendu, les prairies naturelles ne répondent pas aux besoins de l'exploitation, le quart, voire même le tiers de sa culture en prairies artificielles.

Les plantes que l'on emploie communément pour former des prairies artificielles sont les *luzernes*, la *luzerne lupuline*, les différents *trèfles*, le *sainfoin*, etc. ; nous allons passer successivement ces plantes en revue.

2. *Luzerne.* — La luzerne se sème au printemps dans un terrain bien préparé et fumé ; elle aime les sols profonds, mais craint les sous-sols humides et pierreux.

Il faut la semer avec une céréale de printemps, elle est ainsi préservée de la chaleur et pousse mieux ; le plâtre, au printemps, lui convient beaucoup.

Une luzernière rend peu la première année, elle se maintient en général en complet rapport pendant 6 ou 7 ans ;

Luzerne.

elle ne doit revenir qu'après un intervalle de 15 à 20 ans.

La culture de cette plante est très avantageuse ; elle produit beaucoup et dure longtemps.

Il lui faut un engrais bien décomposé, ou, ce qui est encore préférable, il faut qu'elle soit arrosée avec de l'engrais liquide.

Tous les ans, au printemps, et après chaque récolte enlevée, on hersera les luzernières.

3. Nous ne pouvons pas ne pas parler de la *cuscute*, cette plante parasite qui, si l'on n'y prend garde, ne tarde pas à envahir et à détruire une luzerne. On a tour à tour

préconisé, pour empêcher ce déplorable résultat, une foule
de moyens plus ou moins efficaces, mais tous trop dispendieux : le feu, le sulfate de fer, le piochage, le fumier; nous
en citons deux autres qui, tout récemment employés, sont
plus simples et ont parfaitement réussi : 1º faire manger
par des moutons, jusqu'à ce que le
sol soit tondu très ras, les parties
envahies ; on fait cette opération à
l'arrière-saison, alors que le pâturage de la luzerne n'est plus dangereux pour les moutons ; on peut
recommencer l'année suivante, s'il
arrivait qu'elle reparût, et cela
sans danger pour la luzerne, qui,
au contraire, devient de plus en
plus touffue et bonne, tandis que
la cuscute disparaît; 2º semer dans
la luzerne infectée du *dactyle*

Cuscute.

pelotonné dans la proportion de 3 kil. à l'hectare ; en peu de
temps la cuscute disparaîtra.

Deux autres moyens faciles de débarrasser les graines de
trèfle des graines de cuscute ont été indiqués par
M. Heuzé.

Le premier consiste à frotter les graines et à les nettoyer
ensuite à l'aide d'un tamis ou d'un crible. Les graines de la
cuscute mises ainsi en liberté, étant très petites, passent
à travers le crible, tandis que celles du trèfle ne passent pas.

Le second moyen consiste à jeter dans l'eau les graines
de trèfle suspectes : les graines de cuscute surnageront,
celles du trèfle iront au fond de l'eau.

Si l'on emploie ce deuxième moyen, il faut sécher immédiatement la graine de trèfle, qui sans cela germerait
bientôt.

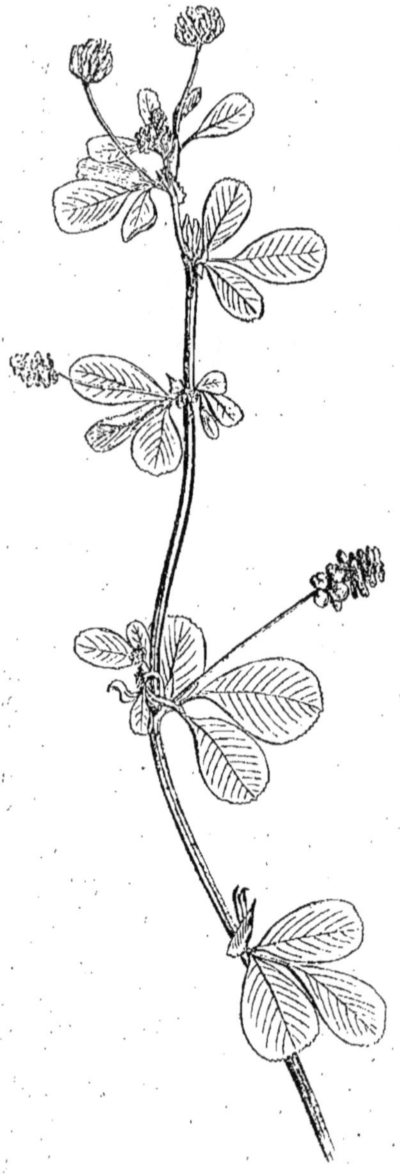

Luzerne lupuline.

Le mieux est d'opérer au moment de l'employer et d'essuyer la graine mouillée en la roulant dans de la terre fine.

4. *Luzerne lupuline* ou *minette*. — Cette plante, plus petite que la luzerne, se distingue à ses feuilles petites et dentelées d'un jaune doré. Elle est précoce et pousse partout ; semée au printemps, avec de l'orge et de l'avoine, elle fournit, dès l'année suivante, un bon pâturage aux moutons. On la sème à raison de 20 kilog. à l'hectare après un hersage donné à la céréale à laquelle on l'adjoint ; la terre qui a reçu cette plante est bien disposée à recevoir toute espèce de culture.

5. *Sainfoin* ou *esparcette*.—Cette plante pousse très bien dans les terres sèches où la luzerne et le trèfle ne réussissent pas ; elle est très nourrissante ; on la sème ordinairement en mars dans une orge, une avoine ou même une

céréale d'automne à raison de 4 à 6 hectolitres à l'hectare; comme la graine est assez grosse, il faut l'enterrer
plus profondément que celle de la luzerne; on se sert
pour cela d'une herse assez forte à dents de fer, que
l'on fait passer dans tous les sens sur les champs ensemen-

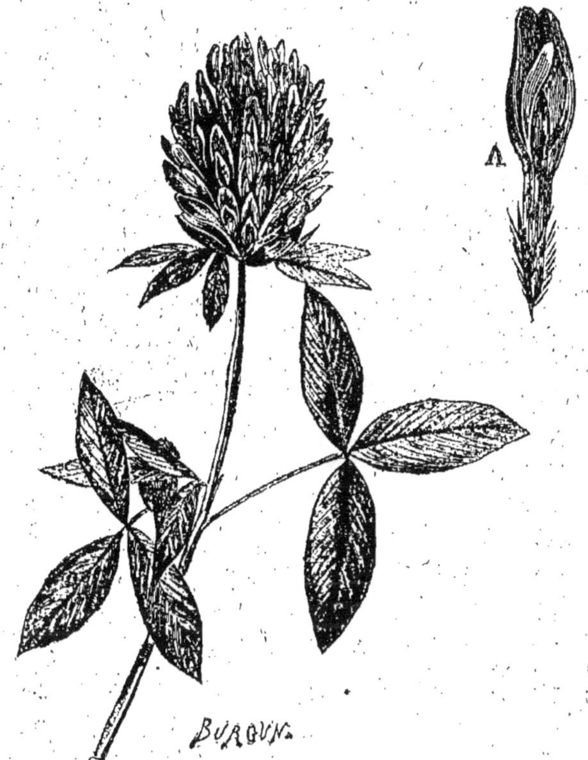

Trèfle rouge ordinaire. — A, Fleur.

cés; on fait aussi, avec cette plante, des prairies artificielles qui sont bonnes et qui peuvent durer de 6 à 7 ans.
On fera bien de la herser chaque année au printemps, 't
de la plâtrer ainsi qu'on le fait pour le trèfle et la luzerne.
Sec ou vert, le fourrage qui en provient est un des meilleurs fourrages connus. Comme toutes les prairies, quand

une terre en sainfoin est envahie par les mauvaises herbes,
il faut la retourner.

6. *Le trèfle.* — Il y a plusieurs sortes de trèfle : 1° le
trèfle rouge ordinaire ; 2° le *trèfle incarnat* ; 3° le *trèfle
blanc* ou *rampant* ; 4° le *trèfle hybride*.

Toutes les terres à blé conviennent au trèfle. On sème le trèfle ordinaire à raison de 15 à 20 kilog. à l'hectare, au printemps, avec les orges ou les avoines ; ou bien, toujours au printemps, sur les froments ou les seigles. semés en automne. Si l'on sème sur graines de printemps, on recouvre ces dernières avec la herse, puis on enterre celles de trèfle très légèrement avec le dos d'une herse, ou même avec un fagot d'épines.

Le trèfle donne ordinairement deux bonnes récoltes ; quelques-uns lui en demandent une troisième, c'est un abus ; mieux vaut, au printemps, enterrer cette pousse que de la faucher ou de la faire pâturer. Le trèfle ne doit revenir que tous les 5 ou 6 ans.

Le *trèfle blanc* ou *rampant* se sème au printemps comme le précédent, à raison de 7 à 8 kil. par hectare ; on le fait plus souvent pâturer par le bétail que faucher ; dans les pays pauvres, quand il a été plâtré, sa récolte est assez avantageuse.

Le trèfle, comme la luzerne, est susceptible d'être envahi par la cuscute ; on s'en débarrasse de la façon que nous avons indiquée plus haut.

7. *Vesce* ou *pesette*. — Cette plante se plaît dans tous les terrains ; elle demande peu de labour ; on la plâtre comme les trèfles et la luzerne. Elle est utile au printemps, pour remplacer les récoltes qui ont souffert.

8. Pour la semer, on mélange la graine de vesce avec la graine de *seigle* ou *d'escourgeon* : 160 litres de vesce avec 40 litres de l'une des autres par hectare. Le mélange s'appelle *hivernage* et convient au bétail en fourrage sec. Il est surtout employé dans le Nord de la France ; cependant, depuis quelques années, on en fait un peu dans les arrondissements de Vesoul et de Gray. On sème ce mélange en septembre, même en octobre, après le froment, l'avoine et les plantes sarclées. On récolte la vesce en juin ou juillet de la même manière que les autres fourrages.

9. *Gesse.* — Cette plante pousse comme la vesce et dans les mêmes conditions; on la sème à raison de 150 litres à l'hectare, dans la première quinzaine d'avril. C'est un véritable pois chiche qui n'est guère cultivé que dans le Midi.

Pois des champs. — Ne pas confondre cette plante avec le pois de champ qui est comestible; celui qui nous occupe porte le nom de *pois gris, pois de brebis;* il lui faut une bonne terre, bien cultivée, fumée peu de temps avant les semailles, qui ont lieu à la volée, fin mars ou commencement d'avril, à raison de 250 litres à l'hectare; on peut le faucher en vert et le donner ainsi au bétail; mais d'ordinaire on attend, et on a raison, que les cosses soient mûres pour le récolter; ses fanes sont avidement mangées par les moutons et les vaches. Il y a aussi une variété d'hiver que l'on sème en septembre.

Fèves, féveroles. — Il y a plusieurs sortes de fèves:

Fève.

1° la *fève de marais;* 2° la *féverole* ou *fève de cheval.* La fève de marais se sert sur les tables; la féverole est employée à la nourriture des animaux. Elle excite l'ardeur du cheval et lui donne de la force.

Il faut semer les fèves en lignes et les écarter assez pour qu'elles ne se gênent point et qu'elles puissent être facilement sarclées et binées. Elles réussissent dans les terres argileuses et peu humides. Tous les engrais leur conviennent. On récolte la fève en septembre ou octobre, lorsque la tige devient noire.

Ivraie vivace ou *ray-grass.* — Ce fourrage, plus estimé en Angleterre qu'en France, donne de très bons produits dans les contrées humides.

On cultive comme fourrage une foule d'autres plantes :
le *sorgho*, quelques variétés de *choux*, le *maïs*, dont nous
avons parlé déjà comme fourrage au chapitre des céréales.

Questionnaire.

1. L'adoption des prairies artificielles a-t-elle été facile? Quelles
sont les plantes que l'on emploie pour en faire? — 2. Parlez-nous
de la luzerne et de la façon de la cultiver? — 3. Qu'est-ce que la
cuscute et comment peut-on s'en débarrasser? — 4. Comment se
cultive la lupuline? — 5. Dites-nous ce que c'est que le sainfoin.
— 6. Combien y a-t-il de sortes de trèfles? détaillez-les. —
7. Qu'appelle t-on vesce ou pesette? — 8. Qu'entend-on par hivernage? — 9. Parlez-nous de la gesse, du pois des champs, des
fèves et du ray-grass.

CHAPITRE XVI

PLANTES INDUSTRIELLES.

1. *Pomme de terre.* — La pomme de terre est une des

La pomme de terre.

plantes les plus importantes de notre agriculture, en raison du rôle qu'elle joue dans l'alimentation publique.

Parmentier, pour nous l'avoir donnée, mérite de figurer aux premiers rangs parmi les bienfaiteurs de l'humanité.

Il y a un nombre infini de variétés de pommes de terre ; on peut les rattacher à trois types principaux : 1° les *patraques* (*grosse ronde blanche*) avec les yeux apparents et très nombreux ; 2° les *parmentières* (*grosse blanche*) avec peu d'yeux, précoces, très farineuses et d'un bon goût ; 3° les *violettes* (*vitelottes*), allongées, avec une chair ferme, les yeux très rapprochés et marqués.

De ces trois types principaux sont dérivées une foule de variétés qu'il serait trop long d'énumérer ; nous citerons seulement *l'early rose* qui, depuis quelque temps, a fait son apparition et a rapidement et justement conquis une des premières places. Comme son nom l'indique, elle est rose, pas très grosse, assez précoce, avec peu d'yeux, une chair blanche très farineuse. C'est, pour la table, une des meilleures espèces que nous ayons.

2. La pomme de terre se propage de trois manières : 1° par des *semis* ; 2° par des *bouturages* ; 3° par des *tubercules*. Ce dernier moyen est le seul employé. Il ne s'exécute pas toujours de la même façon : quelques-uns ne plantent que des pelures, d'autres que les yeux. Ici on coupe le tubercule par morceaux, là on le conserve entier ; ailleurs on le choisit de moyenne et de petite grosseur. Nous pensons qu'il faut, si l'on veut avoir une bonne récolte, choisir des tubercules de moyenne grosseur avec peu d'yeux, sains et bien conservés.

La pomme de terre demande un terrain léger, meuble, substantiel ; s'il est trop humide, les tubercules pourrissent ; s'il est trop sec, la végétation ne marche pas. Il ne lui faut pas beaucoup d'engrais ; deux labours lui suffisent, l'un un peu avant, l'autre au moment de la plantation.

On sarcle, on bine, on butte la pomme de terre ; on la

récolte généralement en septembre ou en octobre, au moyen de la bêche ou de la charrue. Une fois arrachées, on laisse les pommes de terre sécher sur le sol, puis on les rentre à la cave.

3. En 1845 à peu près, une maladie terrible s'abattit sur cette précieuse plante, et pendant près de quinze ans on put craindre de la voir disparaître. Très heureusement, depuis quelques années, ce fléau a disparu comme il était venu, sans que l'on puisse bien savoir ni pourquoi ni comment. Cependant on a pu remarquer que les plantes qui avaient le moins souffert étaient celles qui avaient été plantées en terres neuves, ou bien celle qui, plantées en septembre, avaient passé l'hiver en terre. Nous recommandons cette méthode, ou de faire de nouveaux semis, si cette maladie venait à reparaitre.

Aujourd'hui la pomme de terre est menacée d'un autre ennemi, un insecte cette fois, appelé le *doryphora*, qui, en

Doryphora.

Allemagne et dans quelques contrées de l'Est, a déjà causé de grands ravages. Les craintes causées par cette invasion de nouvelle espèce ont inspiré au gouvernement une série de mesures préservatrices et curatives qu'il a fait afficher dans toutes les communes, et dont nous recommandons à tous les cultivateurs l'étude et l'application, s'il y a lieu.

4. *Topinambour*. — Le topinambour vient d'Amérique, comme la pomme de terre, à laquelle on a d'abord voulu le comparer ; mais son goût désagréable l'eut bientôt éloigné de nos tables ; c'est qu'en effet il n'est bon que pour les bestiaux. Il se cultive comme la pomme de terre, végète dans tous les sols et produit à l'hectare jusqu'à 12.000 et même 15.000 kilogrammes de tubercules qui, lavés, coupés et mélangés avec de la paille ou du foin

haché, constituent une très bonne nourriture, il convient particulièrement aux chevaux ; dans ce cas, on le donne cru et coupé, dans la proportion de 10 à 12 litres par jour, en deux fois ; un des grands avantages du topinambour, c'est de n'être pas difficile sur le choix des terrains et de donner des récoltes possibles là où souvent l'on n'obtiendrait pas de produits de bonne qualité.

5. *Betterave.* — La betterave est la plante merveilleuse qui a le plus servi l'agriculture partout où elle a été cultivée en grand. C'est à ce point que le développement de sa culture dans un pays peut servir de thermomètre au progrès agricole de la contrée.

Cette plante, qui a fait la fortune des départements du Nord, supprime la jachère, ameublit et nettoie le sol mieux qu'aucune autre. Livrée à une fabrique de sucre ou à une distillerie, elle procure, pendant l'hiver, du travail à l'ouvrier des champs, qui, de cette façon, n'est pas obligé de quitter la campagne pour aller habiter la ville, où bien souvent, il ne rencontre que la débauche et la misère.

La betterave se vend un bon prix, et après qu'elle a servi à faire du sucre ou de l'alcool, elle donne une excellente nourriture, la *pulpe*, au moyen de laquelle on nourrit économiquement et bien les moutons et les bêtes à cornes.

Autrefois, l'arrondissement de Valenciennes (Nord) importait du blé pour sa consommation ; aujourd'hui c'est le contraire, il en exporte une très grande quantité. Il en est de même pour le bétail. Autrefois, le rendement moyen des terres ne dépassait pas 16 à 17 hect.; aujourd'hui il atteint 35 et même 40 hect. Ce qui est arrivé dans l'arrondissement de Valenciennes s'est produit partout où il existe des sucreries et des distilleries de betterave. Le propriétaire y loue mieux ses terres, le fermier y fait plus d'argent.

Toutes les betteraves peuvent donner du sucre et en

même temps être fourragères ; mais avec de telles différences que nous croyons que la classification la plus

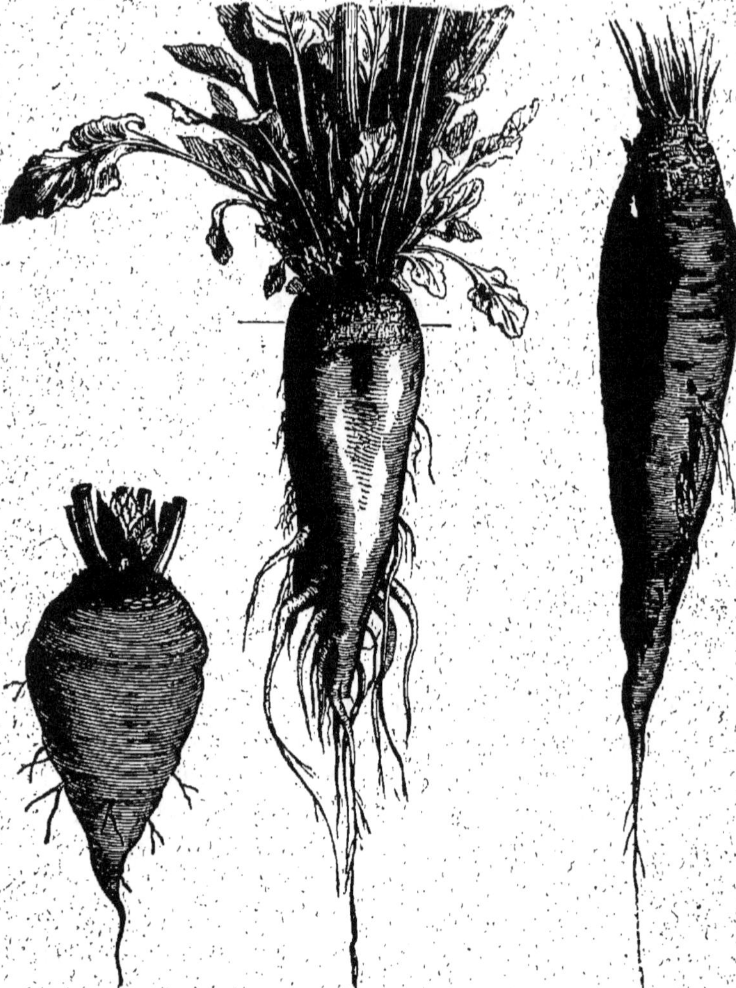

naturelle de cette plante est : 1° *betteraves à sucre* ;
2° *betteraves fourragères.*

Les principales variétés de *betteraves à sucre* peuvent toutes rentrer dans les deux catégories suivantes : *betterave blanche à collet vert, betterave blanche à collet rose.*

La betterave à sucre doit entrer profondément en terre et ne pousser que très peu en dehors, être très lisse, conique et dépourvue de chevelu.

Les variétés fourragères sont : la *betterave champêtre,* la *betterave rouge globe,* la *betterave jaune,* la *betterave jaune globe,* la *jaune d'Allemagne,* etc. Ces variétés sont charnues, pivotantes, deviennent très grosses, poussent en grande partie hors de terre.

6. Toutes les terres à blé conviennent à la betterave, pourvu qu'elles soient, avant l'hiver, labourées profondément et bien ameublies. Cette plante n'épuise pas le sol, ainsi qu'on l'a cru pendant longtemps ; elle veut une terre fertilisée, mais elle l'appauvrit peu. Elle ouvre l'assolement avec succès et convient entre deux récoltes salissantes, parce qu'elle amène, par les soins qu'elle exige, le complet nettoiement du sol.

C'est au printemps, lorsque l'on ne craint plus guère les gelées, qu'il faut semer la betterave au moyen du semoir, à raison de 12 à 15 kilogrammes par hectare, dans une terre bien préparée et bien fumée. Dans nos pays on a l'habitude, qu'il faudrait perdre, de la semer à la main ; nous avons expliqué déjà les inconvénients de ce mode de faire.

Il ne faut pas que les lignes soient trop distancées, 0,30 centimètres sur 0,30, ou 0,40 centimètres sur 0,20 sont des écartements suffisants ; on aura, en ne les dépassant pas, et meilleure qualité et plus grande quantité.

On bine une première fois aussitôt que la plante a 3 feuilles ; puis, 8 ou 15 jours après, on bine une deuxième fois, en ayant soin d'éclaircir les lignes de façon à laisser les plantes à 0,30 centimètres l'une de l'autre, si les lignes ont elles-mêmes cet écartement, ou à 0,20 seulement, si elles sont à 0,40 l'une de l'autre. Enfin, pendant la végétation, on bine encore une et même deux fois, suivant l'état du sol.

Il y a quelques années, cette opération, même dans les grandes exploitations, se faisait entièrement à la main ; c'était long et coûteux ; mais depuis quelque temps, la main d'œuvre devenant rare, on a employé des houes à cheval (binois) qui font avec célérité et économie un travail parfait.

On arrache en octobre et en novembre, quelquefois même en septembre, à la bêche ordinairement ; on coupe les feuilles qui restent sur le sol et on met la betterave en tas.

Il ne faut pas effeuiller la betterave pendant sa végétation ; sa feuille est une mauvaise nourriture et on compromet, sans compensation, la récolte des racines.

La betterave est sujette à plusieurs maladies et tourmentée par plusieurs sortes d'insectes ; on a, contre les uns et les autres, vanté une foule de remèdes. Ce que l'on a constaté de plus certain, c'est que les ennemis de la betterave ne se montrent, en général, que là où il y a eu excès de fumure ou, au contraire, épuisement du sol.

7. *Pulpe.* — On appelle *pulpe* la chair de la betterave dont on a, par un moyen ou par un autre, retiré presque tout le jus sucré. Le cultivateur, assez ordinairement, ramène sa pulpe par contre-voyage, en conduisant sa betterave à la fabrique ; il la conserve en fosse ou en silos.

Questionnaire.

1. Dites-nous ce que c'est que la pomme de terre et quelles en sont les principales variétés. — 2. Comment se propage la pomme de terre, quel terrain et quelle culture lui conviennent ? — 3. La pomme de terre n'a-t-elle pas d'ennemis ? — 4. Parlez-nous du topinambour. — 5. La betterave est-elle utile à l'agriculture ? quelles sont ses variétés ? — 6. Détaillez-nous la culture de la betterave. — 7. Qu'est-ce que la pulpe et quelle est son utilité ?

CHAPITRE XVII

PLANTES INDUSTRIELLES (*suite*).

1. *Navets, turneps.* — Cette plante n'est pas, à pro-

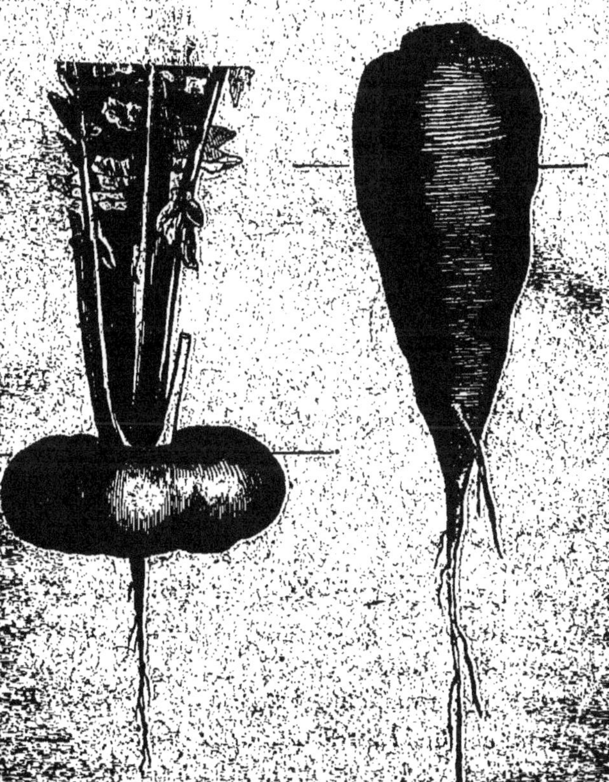

prement parler, une plante de grande culture. En Angleterre, sous le nom de *turneps*, elle a produit les heureux effets que la betterave a produits chez nous. On la cultive entre deux récoltes après un ou plusieurs labours ; on la butte, on la sarcle comme les plantes sarclées dont nous avons parlé ; on la récolte en octobre ou en novembre.

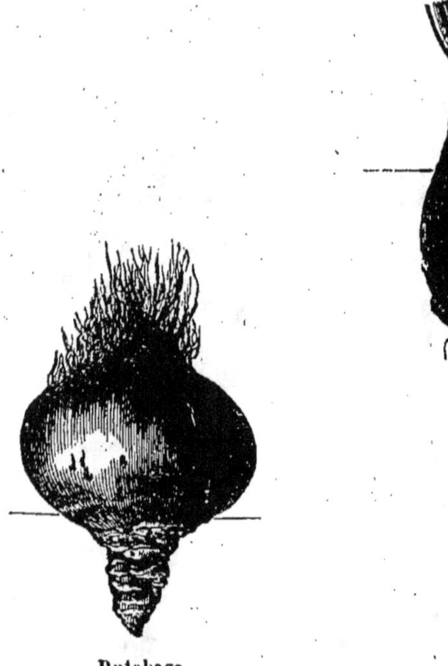

Rutabaga.

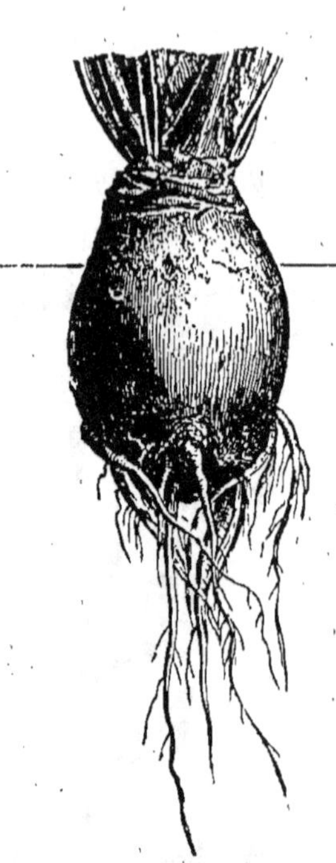

Chou navet.

C'est une bonne nourriture pour les bestiaux ; on en cultive beaucoup de cette façon dans une partie de l'arrondissement de Lure.

Le *rutabaga*, appelé aussi *navet de Suède, chou-navet,* a une racine plus lourde que celle du navet ordinaire. Il forme plusieurs variétés, dont la plus répandue est le *chou-navet* ou *rutabaga* proprement dit. Une de ses variétés très répandue aussi est le *chou-rave.*

On sème en mars pour repiquer en mai ou juin, on bine, on sarcle, ainsi qu'il a été dit ; la récolte se fait sur la fin de l'automne, le plus tard possible avant les gelées. C'est une bonne nourriture d'hiver pour les vaches et pour les moutons.

Chou rave.

2. *Conservation des racines.* — On conserve les racines, *betteraves*, *navets*, etc., en silos, c'est-à-dire dans des trous de 2 mètres de long sur 1 mètre de large et 1 mètre de profondeur ; on y place les racines avec soin en leur faisant déborder le sol de 0,80 centimètres environ, en arête de toit, les collets en dehors ; on recouvre le tout d'une couche de 0,33 centimètres de terre à peu près, que l'on tasse le plus possible.

Ces dimensions de fosses ne sont pas absolues ; on peut les modifier ; mais celles que nous donnons conservent parfaitement.

3. *Lin.* — On ne cultive qu'une sorte de *lin*, laquelle se divise en deux classes : le *lin d'été* ou *chaud*, le *lin d'hiver* ou *froid*.

Il faut au lin un climat tempéré, un sol sablo-argileux, riche, bien défoncé, et d'énergiques engrais. On sème le premier au printemps, le deuxième quelque temps après, par un temps humide autant que possible.

Le lin semé de bonne heure au printemps peut être récolté en juillet; on l'arrache à la main, on le met en *chaînes* que l'on pose trois par trois, debout sur le sol. Quand les bottes (chaînes) sont sèches, on les bat sur ou contre un billot, ou au maillet; puis on les fait rouir, c'est-à-dire qu'on les tient dans l'eau et à l'humidité pour que les tiges fermentent et que l'on puisse séparer la filasse de la paille, que l'on appelle *chènevotte*.

Une récolte de lin donne de 3.000 à 8.000 kilog. de tiges brutes, qui contiennent 15 à 18 0/0 de fibres dont on retire depuis 350 jusqu'à 700 kilog. de filasse. La graine de lin ne rend que 25 0/0 d'huile, et ses tourteaux peuvent servir d'engrais ou être consommés par les bestiaux.

Pendant sa végétation, le lin est souvent envahi par une foule d'insectes, de pucerons surtout; on les éloigne en mettant dans le champ, de distance en distance, quelques pieds de chanvre.

Dans la Haute-Saône, le lin est peu ou point cultivé; on lui préfère le chanvre, qui, en effet, est plus robuste et convient mieux à son sol.

4. *Chanvre*. — Le chanvre aime les climats doux, les sols profonds et bien ameublis, enfin toutes les bonnes terres. La graine de chanvre s'appelle *chènevis*. On la sème de mars jusqu'en juin, à raison de 300 à 350 litres à l'hectare, suivant que l'on veut obtenir de la filasse grosse ou petite. On comprend que plus il pousse dru, plus la tige est mince; plus, au contraire, il est espacé, plus la tige est grosse. Lorsque la graine est semée dans un sol bien préparé, on la recouvre à la herse, et il n'y a pas d'autres

soins à donner à la plante pendant sa végétation. On peut
semer pendant plusieurs années de suite le chanvre dans

Pied de chanvre mâle.

les mêmes places. Aussi, dans les campagnes, il est rare
que l'on n'ait pas sa *chènevière,* ou terre que l'on destine à
peu près exclusivement à cette culture. Nous insistons sur

la bonne quanté qu'il faut à une terre à chanvre, et nous recommandons de ne pas oublier qu'une des principales conditions de réussite est d'avoir une terre réduite pour ainsi dire en poussière. Il demande aussi des engrais abondants et riches : fumier de cheval, de mouton, etc.

Pied de chanvre femelle.

Le chanvre a des pieds mâles et des pieds femelles ; on les récolte séparément : en juin et en août les pieds mâles qui portent la graine, et en septembre les pieds femelles. Ces derniers sont plus gros, plus grands, plus nombreux et plus longs à mûrir que les premiers. On forme des bottes comme avec le lin et on laisse sécher ; puis, comme le li7 encore, on le fait rouir, c'est-à-dire que l'on met le chanvre dans l'eau stagnante ; il faut éviter l'eau courante, car le chanvre a un principe vénéneux qui empoisonne le poisson, et il est défendu de le déposer dans l'eau des ruisseaux ou des rivières. Lorsque l'opération est terminée, ce que l'on reconnaît quand la filasse se détache facilement en passant la main dessus, c'est-à-dire au bout de 5 à 12 jours, on

Treillage du chanvre.

le fait sécher contre un mur ou une haie, et lorsqu'après l'avoir retourné plusieurs fois, il est assez sec, on le rentre à la ferme, à l'abri, en attendant le *teillage.* Cette besogne se fait ordinairement à la main, par les femmes et les enfants, pendant les veillées d'hiver. Depuis quelques années on emploie, pour ce travail, plusieurs ingénieux instruments qui opèrent bien, mais qui rendent une filasse moins bonne que celle que l'on obtient par le teillage à la main.

Il y a encore d'autres plantes dites *textiles ;* mais le lin et le chanvre sont les seules qui soient cultivées en grand.

Nous allons parler des plantes *oléagineuses,* c'est-à-dire spécialement destinées à produire de l'huile.

5. *Colza.*—Il faut au colza des terres riches, bien ameublies, et un climat plutôt humide que sec ; il ne peut se succéder trop souvent sans appauvrir le sol ; mais il vient bien après les pommes de terre, les céréales, la betterave, etc.

Le colza se divise en *colza d'hiver* et en *colza de printemps*.

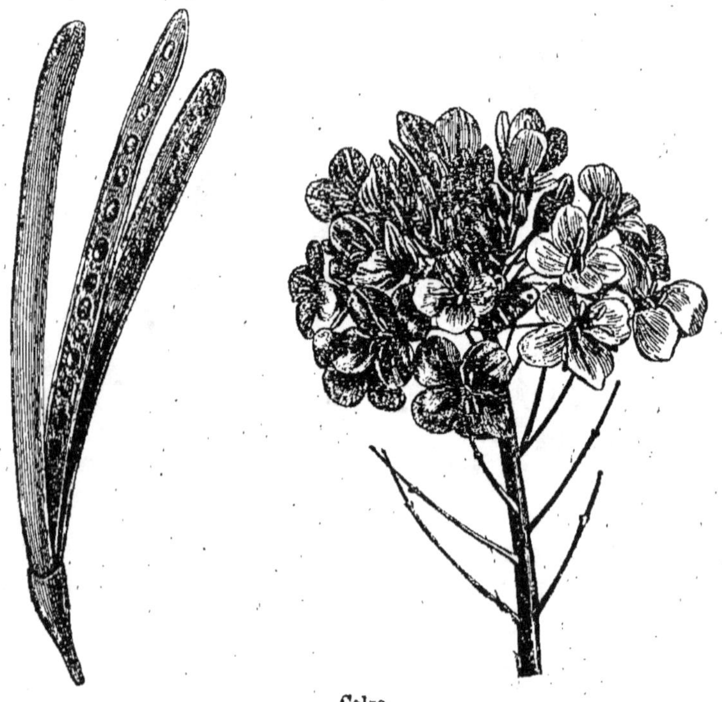

Colza.

Cette plante aime les terres profondes, riches, bien ameublies par deux ou trois labours ; elle redoute les gelées dans les terres humides ; toutefois, le colza réussit très bien dans des sols même médiocres, pourvu qu'ils ne manquent ni de profondeur ni de bonne fumure, et sur les prairies artificielles ou naturelles rompues, après pommes de terre ou après jachère.

On sème le colza d'hiver du 15 juillet au 15 août, à raison de 5 à 7 kilog. à l'hectare s'il doit rester en place ; si, au contraire, il doit être repiqué, on le sème en pépinière en juin ou juillet. En septembre ou octobre on le repique, à la bêche, au plantoir ou à la charrue ; on sarcle et on bine le colza comme la betterave lorsqu'il en est besoin.

Le colza de printemps est moins productif que le précédent ; on ne l'emploie guère qu'en remplacement de céréales manquées. Il demande, du reste, les mêmes soins que les colzas d'hiver.

6. *Cameline.* — Cette plante n'est difficile ni sur le terrain ni sur le climat ; elle pousse vite et demande peu d'engrais ; on la sème en mars, ou mieux en avril, et on la récolte en juin ; elle rend environ 15 hectolitres par hectare, et son huile, moins fumeuse, convient mieux pour brûler que celle du colza ; on fait avec ses tiges d'excellents balais.

Il est une foule d'autres plantes plus ou moins avantageuses à cultiver : la *moutarde*, qui demande un bon sol et beaucoup d'engrais, le *pavot (œillette)*, à qui il faut une terre bien meuble, et dont la récolte nécessite une très grande main-d'œuvre ; le *safran*, la *gaude*, le *pastel* ; mais ces cultures, peu importantes du reste, ne se produisent pas dans notre département, et nous n'avons pas à nous en occuper.

7. *Houblon.* — Cette plante, dans la Haute-Saône, n'est un peu cultivée qu'aux environs de Gray ; il lui faut un sol fertile, profond, ni trop chaud ni trop froid, ni trop sec ni trop humide, abrité, si c'est possible.

La terre destinée à une houblonnière doit, après avoir été fortement fumée, être défoncée au moins à 0^m90 cent. de profondeur. On désigne, par des piquets, les places que doivent occuper les plants, qui seront en lignes droites ou en quinconces à 1ᵐ 80, 2 mètres l'un de l'autre; aux endroits désignés par les piquets, on creuse des trous de 0ᵐ 70 en tous sens, que l'on remplit autant que possible avec 3/4 de bonne terre mélangée de composts; en mars ou avril, on coupe les rejets poussés aux vieux bourgeons, et on les place par deux, dans chaque trou; on recouvre avec de la terre meuble, et on enfonce une perche dans chaque trou. Quand les tiges ont poussé, on les lie à la perche avec un petit jonc ou de la paille amollie; on pince les feuilles qui poussent en bas, jusqu'à 0ᵐ 30 cent. environ au-dessus du sol; puis on bine et on continue à pincer ou à enlever à la serpette jusqu'à la hauteur de 3 ou 4 mètres, les petits rameaux et les tiges portant fleurs qui se développent entre la tige mère et les feuilles; on laisse subsister plus haut tous les rameaux à fleurs.

Cône de houblon.

On reconnaît que le houblon est mûr à son odeur pénétrante, et quand les cônes prennent une teinte jaunâtre.

8. Pour le récolter, on coupe par un beau temps et au milieu du jour les sarments à 1ᵐ 50 cent. ou 2 mètres au-dessus du sol; on arrache la perche que l'on incline sur un che-valet, et l'on détache, un à un, les cônes en ayant soin de déposer les queues et les feuilles. On les porte au séchoir disposé à cet effet, et quand ils sont bien secs, on les arrache. Lorsque cette culture est bien faite et dans de bonnes con-ditions de sol et de climat, elle est très productive, bien que sujette cependant, plus que beaucoup d'autres plantes, à d'assez grandes variations dans les récoltes et par con-séquent dans les prix.

9. *Tabac*. — Cette plante végète presque partout; elle veut cependant un sol profond, bien ameubli, bien fumé

et un climat tempéré. En mars ou avril, on le sème sur couche en pépinière ; en juin on le repique en espaçant les pieds à 0,50 centimètres l'un de l'autre. La régie, du reste, fixe le nombre de pieds à cultiver par hectare.

On butte chaque pied lorsqu'il a atteint un certain développement ; on le récolte fin août ou septembre ; on

Tabac. — Fleur. Fruit. Graine.

reconnaît sa maturité à l'odeur plus vive qu'il dégage, aux feuilles qui durcissent, à la tige qui présente, lorsqu'on la coupe, un anneau rougeâtre à l'endroit de la coupure.

10. Il faut couper le tabac avant midi, le laisser sur terre un peu au soleil ; puis, on le fait sécher sous des hangars ou dans des séchoirs spéciaux. Lorsque les feuilles sont sèches, on les met en paquets pour les ramollir et on les soumet à une forte pression. C'est alors qu'on le livre à la régie qui, elle, le travaille pour le livrer à la consommation. Cette culture demande beaucoup de soins, une très grande surveillance, puisque l'on est responsable, vis-à-vis de l'administration, du nombre des feuilles; mais quand elle est bien faite, elle est d'un très bon rapport. Cependant, ainsi que nous l'avons dit, et probablement cause des difficultés que nous venons d'indiquer, elle diminue sensiblement dans la Haute-Saône depuis quelques années.

Questionnaire.

Qu'entend-on par navets, turneps et rutabagas ? — 2. Comment conserve-t-on les racines ?—3. Expliquez-nous les différentes sortes de lin et comment on cultive cette plante. —4. Parlez-nous du chanvre, de sa culture ; n'a-t-il pas quelque chose de particulier (pieds mâles et femelles)? — 5. Comment le colza se cultive-t-il ? quelles sont ses variétés ? — 6. Parlez-nous de la cameline. — 7. Le houblon est-il cultivé dans la Haute-Saône? quelle est sa tculture ?— 8. Comment le récolte-t-on? — 9. Comment se cultive le tabac ? quelles terres et quels engrais lui conviennent?— 10. Comment se fait la récolte du tabac, cette culture est-elle avantageuse ?

CHAPITRE XVI.

SOURIS, MULOTS, CAMPAGNOLS

Les souris, les mulots, les campagnols font, depuis 1880,

Mulot.

de grands ravages dans beaucoup de départements. C'est
par millions de francs que se chiffrent les pertes qu'ils ont

causées en France. On cite telle commune de la Beauce où les mulots ont détruit 400 hectares sur 500 ensemencés en blé.

Aussi a-t-on, avec persévérance, cherché les moyens de les détruire. Nous sommes forcé de reconnaître que quels qu'aient été les procédés employés, on n'est arrivé nulle part à un résultat satisfaisant. Ces animaux étaient trop nombreux ; c'était une véritable invasion.

On a employé une tarière inventée par M. Pluchet, l'éminent agriculteur de Trappes, avec laquelle on fait, dans une pièce de terre envahie, des trous de 0,60 cent. de profondeur, rapprochés autant que possible ; ces trous servent de pièges, et les mulots, qui y tombent en assez grand nombre, y périssent, n'en pouvant sortir.

Là on a eu recours à l'*enfumoir Delaplace* : c'est un appareil au moyen duquel, grâce à une ingénieuse combinaison, on insuffle des vapeurs de soufre (*acide sulfureux*) dans les trous pratiqués par ces animaux, pour qui ces vapeurs sont éminemment toxiques ; on emploie aussi dans le même but des mèches soufrées.

Ailleurs, et c'est le procédé qui a été le plus généralement employé, on a empoisonné les graines à semer avec de l'arsenic préparé de diverses manières ; mais ce procédé est minutieux, long et coûteux, dangereux même tant pour l'opérateur que pour le gibier et pour les oiseaux qui font la guerre aux souris.

Presque tous les préfets ont pris des arrêtés tendant à interdire la destruction des *chouettes*, des *hiboux*, des *chats-huants* et autres oiseaux de proie nocturnes, qui sont d'excellents chasseurs de mulots, de souris et de campagnols. Ces préfets ont eu raison : c'est une grande faute de détruire ces animaux, qui rendent d'éminents services à l'agriculture.

Tous ces remèdes sont plus ou moins efficaces ; mais ils

sont insuffisants en présence de ces bandes dévastatrices qui ont tant de moyens de leur échapper.

Dans tous les cas aucun procédé isolé de destruction ne peut réussir lorsque le mal a atteint certain degré ; il faudrait que des mesures d'ensemble fussent prises sur les territoires envahis, et pour cela le concours de l'administration est indispensable ; elle pourrait prendre telles mesures locales qu'elle jugerait convenables, et on en ferait surveiller l'exécution par les gardes champêtres.

Ce fléau doit-il persister longtemps ? Telle est la question qui nous est souvent adressée. Nous ne le croyons pas. D'une part, ces animaux sont essentiellement migrateurs ; d'autre part, on en a déjà détruit beaucoup, et, sans les connaître, à en juger seulement par ce que l'on a pu constater dans quelques localités d'où ils ont disparu sans que rien de sérieux ait été fait, nous sommes porté à croire qu'il existe parmi eux des causes de destruction presque aussi grandes que celles de leur excessive pullulation.

Puis la terre étant gelée, une pluie abondante ou une fonte des neiges peuvent arriver brusquement alors l'eau pénètre dans les galeries par toutes les ouvertures et va noyer les campagnols dans leurs demeures les plus profondes.

La Haute-Saône a eu sa large part au fléau : certaines communes, Saulx, La Villeneuve Polaincourt, etc., ont éprouvé en 1881 des pertes d'au moins moitié de leur récolte en blé et en avoine.

Questionnaire.

Les souris, mulots et campagnols sont-ils nuisibles à l'agriculture ? — Quels moyens de destruction a-t-on inventé pour s'en débarrasser ? — Quel est ici l'utilité des oiseaux de nuit ? — Peut-on en espérer la disparition de ce fléau ?

DEUXIÈME PARTIE

ANIMAUX DOMESTIQUES

CHAPITRE PREMIER

1. On appelle *animaux domestiques* tous ceux que l'homme a rencontrés à l'état sauvage et qu'il a domptés pour les faire servir à ses besoins ou à ses plaisirs.

Nos animaux domestiques sont: le *cheval*, l'*âne*, le *bœuf*, la *vache*, le *mouton*, le *porc*, le *lapin*, le *chien* et le *chat*, parmi les quadrupèdes; la *poule*, le *dindon*, la *pintade*, le *faisan*, l'*oie*, le *canard* et le *pigeon*, parmi les oiseaux et enfin, parmi les insectes, le *ver à soie*, l'*abeille*.

Le cultivateur trouve, dans les animaux domestiques, une de ses principales ressources: ils travaillent, fournissent de l'engrais et donnent des produits; souvent ils font ces trois choses à la fois.

2. Sous le nom de *bétail* on comprend tous les animaux utilisés à la ferme; on les divise en *animaux de travail* et en *animaux de rente*.

Sont appelés *animaux de rente* ceux qui fournissent engrais, viande, laine, etc., rapportent ou doivent rapporter plus qu'ils ne coûtent, et *animaux de travail*, ceux qui fournissent du travail seulement.

Il faut des bestiaux pour avoir du fumier, et nous l'avons dit déjà : là où il y a fumier, il y a récolte.

La quantité et la nature des bestiaux à avoir dans une ferme dépend de l'importance de l'exploitation, de la quantité de nourriture dont on dispose, et aussi des débouchés dont on peut profiter. Du reste, la production animale est aujourd'hui très certainement plus avantageuse que la production végétale ; il importe donc de lui donner tous ses soins.

3. On entend par *espèce* la collection des animaux qui se ressemblent et peuvent se reproduire ; on en emploie quatre principales en agriculture ; on les appelle : celle des chevaux : *espèce chevaline ;* celle des bœufs : *espèce bovine ;* celle des moutons : *espèce ovine ;* celle des porcs : *espèce porcine.*

On appelle *races* une collection d'animaux qui tiennent de l'espèce par les *caractères* principaux, et qui s'en écartent par des modifications particulières. Ainsi la *race normande, ardennaise,* etc., pour les chevaux ; la race *fémeline,* etc., pour les bœufs. Les différences entre les races tiennent au sol, au climat, à la nourriture et aux soins que les animaux ont reçus.

4. *Espèce chevaline.* — L'espèce chevaline se divise en une foule de races ; chaque pays a la sienne propre ; mais dans la Haute-Saône les races ont été tellement croisées, qu'il serait au moins difficile d'y reconnaître un type spécial au pays.

On divise encore les chevaux en deux classes principales : les *chevaux de trait* et les *chevaux de course ;* on a aussi une troisième classe qui participe des deux autres, et que l'on appelle : *chevaux à deux fins*

5. Si l'on veut qu'un cheval conserve sa force et puisse rendre de bons et utiles services, il faut qu'il soit bien

Cheval de trait, race boulonnaise.

nourri, bien pansé et qu'il goûte à temps et régulièrement le repos dont il a besoin.

Cheval à deux fins.

Le foin, la paille, les fourrages, l'avoine doivent former la base de la nourriture du cheval.

Le foin est bon lorsqu'il a une bonne odeur, qu'il n'est ni trop gros, ni trop fin, ni trop jeune, ni trop vieux, lorsqu'il provient de première coupe et qu'il a été bien récolté dans des terrains non marécageux.

Il ne faut pas donner trop de foin aux chevaux : on les rend poussifs ; il est très bon de le mélanger avec de la paille tendre et hachée pour éviter cet inconvénient.

La luzerne, le trèfle, le sainfoin doivent, s'ils sont verts surtout, être donnés avec précaution en évitant avec grand soin qu'ils soient déjà échauffés par le soleil ; il faut, dans ce cas, les mélanger avec de la paille ; s'ils sont secs, ils sont moins dangereux.

L'avoine est une bonne nourriture ; elle est pour le cheval un stimulant énergique qui excite ses forces et sa vigueur.

Après une bonne nourriture, ce qu'il y a de nécessair à la santé du cheval, c'est un *pansage* bien fait.

Il faut veiller à ce qu'il ait lieu, sinon deux fois, au moins une fois par jour. Ce n'est ni long ni difficile.

6. L'écurie doit être bien disposée et aérée ; en général, dans le département, les écuries sont trop basses de plafond et les animaux y sont trop serrés ; il faut autant que possible éviter cette disposition, qui peut, en beaucoup de cas, avoir sur la santé des animaux une fâcheuse influence ; ainsi l'écurie devra avoir $3^m 50$ à 4 mètres de hauteur, et ses dimensions seront proportionnées au nombre des animaux, en prenant pour base qu'il faut à un cheval $1^m 65$ de largeur sur 4 mètres de longueur. Quand les chevaux n'ont pas cet espace, ils sont généralement trop serrés ; ils peuvent se donner des coups et se blesser grièvement ; les plus avides mangent la portion de leurs voisins, etc.

En outre, elle sera large, aérée, exempte d'humidité, avec un sol solide, en pente légère pour faciliter l'écoulement des urines ; elle sera nettoyée et balayée avec soin tous les jours, et elle aura des râteliers et des mangeoires entretenus propres.

Il importe aussi de veiller au harnais, qui doit parfaitement s'adapter à toutes les parties du corps du cheval qui, bien harnaché, se fatiguera moins et ne se blessera pas. Il ne faut pas non plus surforcer un cheval par un travail trop pénible et trop prolongé ; 8 à 9 heures par jour sont une tâche assez lourde.

On fait des élèves dans la Haute-Saône ; c'est une production avantageuse que nous recommandons au cultivateur toutes les fois qu'il aura assez de pâturages pour pouvoir s'y livrer ; nous n'entrerons pas dans les détails que comporte ce sujet ; nous dirons seulement qu'il faut élever le poulain avec douceur, le caresser, et que presque toujours on aura de cette façon un animal docile et sans méchanceté, de même que s'il est traité brutalement, on est assuré d'avoir un cheval colère, vicieux et méchant.

Questionnaire.

1. Qu'appelle-t-on animaux domestiques et quels sont-ils ? — 2. Qu'entend-on par bétail ? comment divise-t-on le bétail et quelle quantité doit-on en avoir? — 3. Qu'entend-on par espèces et qu'entend-on par races ? — 4. Parlez-nous de l'espèce chevaline. — 5. Quelle nourriture et quels soins faut-il donner à un cheval? — 6. Comment doivent être les écuries?

CHAPITRE II

1. Le bœuf est par excellence l'animal du cultivateur ; en lui tout est utile : la chair, le lait des femelles, les engrais, etc., etc., et, par le travail, il est quelquefois autant et souvent plus avantageux que le cheval.

Les bœufs craignent la chaleur, il ne faut pas trop les y exposer ; il vaut mieux les faire partir dès le matin et les laisser à l'écurie pendant les heures les plus chaudes de la journée.

Que les bœufs fassent 3 ou 4 repas par jour, il faut s'astreindre à une grande régularité dans la distribution des aliments.

Le bœuf doit être pansé, nettoyé et tenu propre. La propreté est pour cet animal, comme pour le cheval, comme pour l'homme, une cause de bonne santé.

Beaucoup dans la Haute-Saône croient le contraire, et pensent qu'un bœuf qui a une bonne *culotte* de crottin est dans d'excellentes conditions. C'est une grosse erreur et un déplorable préjugé ; que, pour s'en rendre compte, ils essaient de la propreté pour quelques-uns de leurs animaux, et ils ne tarderont pas à reconnaître combien ceux-ci sont mieux portants que ceux qui n'auront pas été traités de la même façon.

Un bœuf peut travailler jusqu'à l'âge de 7 à 10 ans ; après quoi ses forces déclinent ; il faut alors l'engraisser.

2. On ne peut préciser la quantité de nourriture à donner à un bœuf que l'on doit engraisser : à l'un il en faut

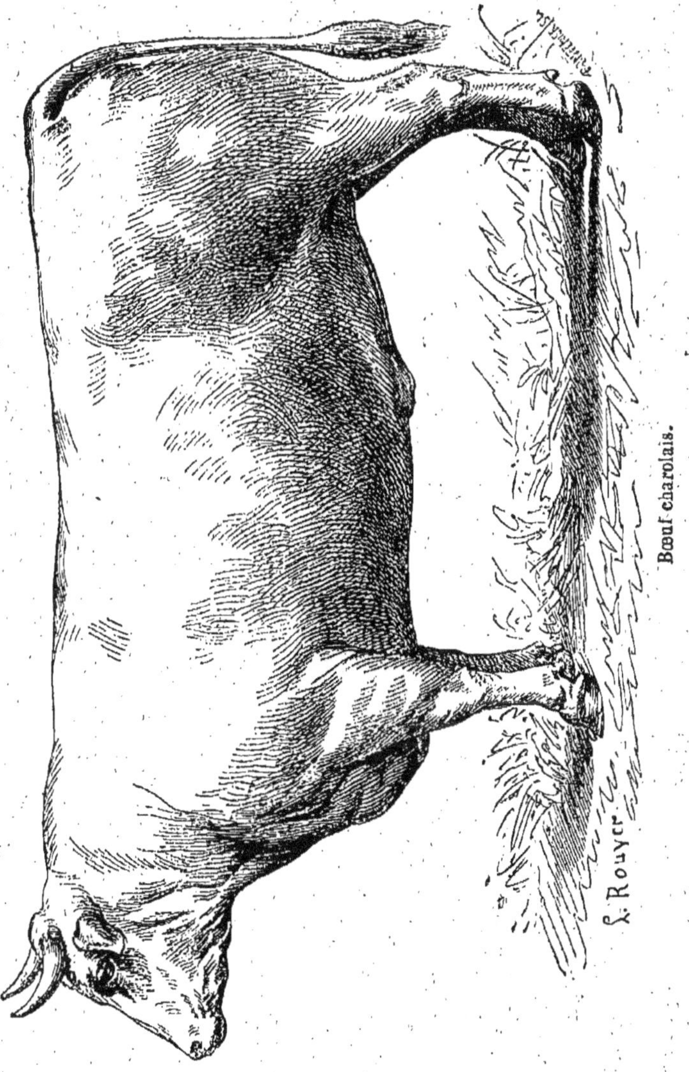

Bœuf charolais.

plus, à l'autre moins, suivant l'âge et l'état dans lequei
il se trouve. On engraisse au pâturage et à l'étable ; ce

dernier moyen, dans nos pays, est le plus employé; on
donne alors des navets, des betteraves, des tourteaux, de

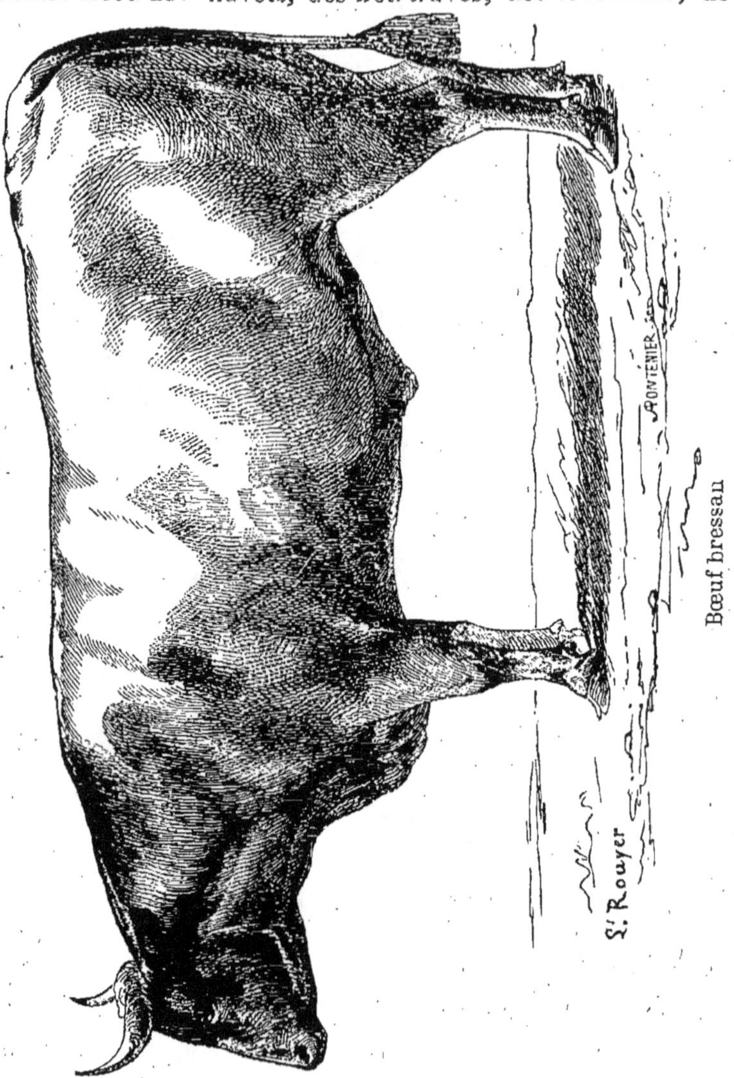

Bœuf bressan

la luzerne, du trèfle, du foin sec et quelquefois vert. mais
mélangé avec des matières sèches; des résidus de distil-

leries, de sucreries forment aussi, mélangés avec de la

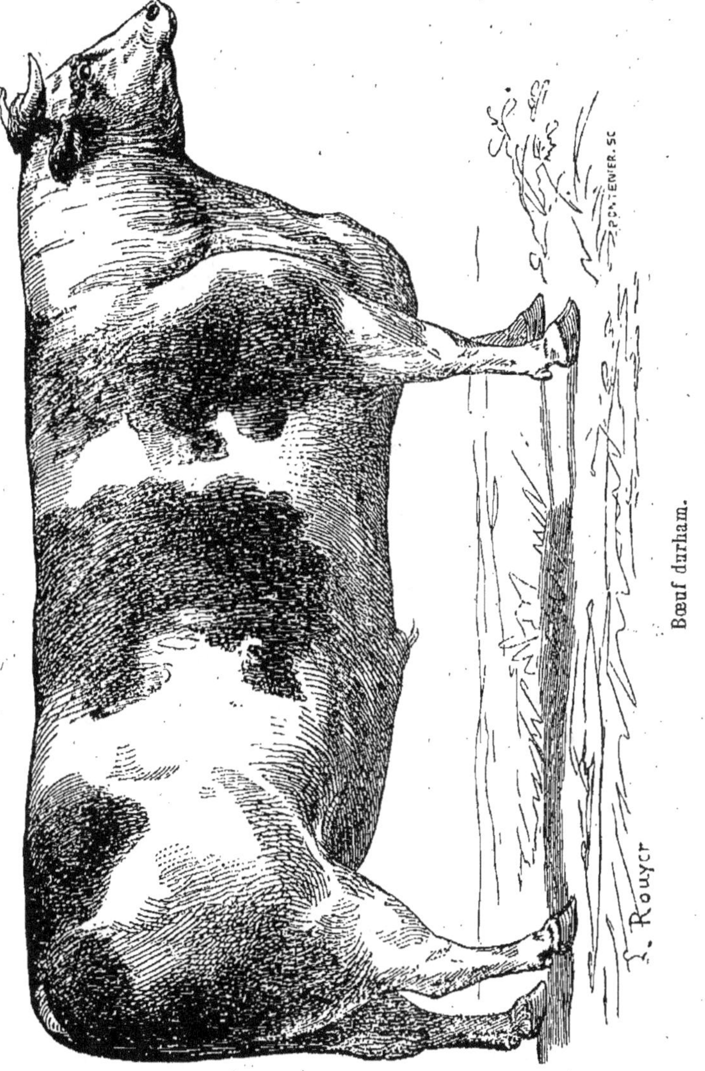

Bœuf durham.

paille hachée ou un peu de foin, une excellente nourriture.
Ce qu'il faut remarquer, c'est que ces aliments doivent

Race femeline. — Taureau et vache.

être aussi variés que possible ; on commence par les moins riches et on finit par les plus substantiels.

L'étable que l'on destine aux bœufs à l'engrais doit être bien tranquille, avoir peu de jour, et ses mangeoires et ses crèches doivent toujours être tenues très propres.

Si le bœuf que l'on met en graisse est dans de bonnes conditions, il sera *gras* en 3 mois environ ; mais si l'on veut le pousser au *fin gras*, l'engraissement durera le double.

Il vaut mieux se contenter de faire *gras* que de pousser au *fin gras*.

Il est bon aussi de saigner un bœuf à l'engrais, surtout lorsqu'il est en *chair*, mais jamais au début de l'engraissement.

3. On a souvent agité et on agite encore la question de savoir s'il est plus avantageux de se servir du cheval que du bœuf pour cultiver et pour les charrois. La préférence à accorder à l'un et à l'autre dépend de la nature de l'exploitation. Ici on préfère le cheval ; là le bœuf est plus avantageux. Nous pensons, nous, que chevaux et bœufs sont de très utiles auxiliaires pour le cultivateur, qui fera bien de les employer l'un et l'autre.

Dans la Haute-Saône on emploie plus le bœuf que le cheval.

4. *Vache.* — Nous avons dans la Haute-Saône une excellente race, la *fémeline*, que, dans ces derniers temps, on a plutôt gâtée qu'améliorée par toutes sortes de croisements. Or, le croisement a souvent cet effet de faire disparaître les qualités qui distinguent la race indigène sans donner aux produits les aptitudes que l'on recherchait dans une autre race. Nous pensons, nous, que lorsque l'on a chez soi une aussi bonne race que notre fémeline, on doit, pour la perfectionner, avoir recours non pas à tel ou

tel croisement, mais bien à une intelligente *sélection*.

On appelle *sélection* (choix) le système qui a pour but ae fixer dans une race les qualités, les aptitudes de cette race que l'on veut conserver, par l'accouplement de sujets de la même race qui possèdent ces qualités et ces aptitudes.

5. Nous allons parler de la vache au double point de vue de la production du lait et de la reproduction de l'espèce. En général, on achète les vaches un peu au hasard ; on se contente de s'assurer de la grosseur du pis, de la saillie marquée par la veine mammaire, de l'état des dents et de l'âge ; cela ne suffit pas toujours ; il importe d'y regarder de plus près, si l'on veut avoir une bonne laitière. Les plus belles vaches ne sont pas toujours les meilleures, au contraire ; avant de parler de la méthode Guénon, qui est presque certaine, nous allons faire connaître les signes auxquels on doit s'attacher dans le choix d'une vache : elle doit avoir la mine éveillée, la tête petite, sèche, les cornes courtes, effilées, d'un grain fin ; les oreilles petites, transparentes ; les yeux saillants, mais très doux ; elle aura le corps allongé, peu large en avant, des jambes courtes et fines ; la peau sera souple, douce, sans coller à la chair, avec de courts poils luisants et fins ; l'échine sera saillante, les épaules maigres, la poitrine étroite, le fanon large et pendant. Les trayons seront allongés, bien percés, écartés et très sensibles au toucher. L'ensemble du pis sera gros, doux au toucher, avec une peau fine, bien tendue ; les veines des mamelles seront grosses et noueuses. Si une vache possède le plus possible de ces signes, presque toujours elle sera bonne laitière ; si elle les possède tous, elle le sera assurément ; un autre signe encore : une bonne vache n'est pas difficile sur la nourriture, et elle a souvent besoin de boire.

6. En 1838, un M. Guénon, de Libourne (Gironde), dans

un ouvrage imprimé par les soins du gouvernement, donna comme certain un procédé que nous allons faire connaître, au moyen duquel on devait, presque à coup sûr, reconnaître une bonne laitière. Ce moyen, en effet, s'il n'est pas d'une certitude absolue, s'en rapproche à très peu près ; il est assez compliqué, mais nous pouvons le résumer de la façon suivante : la face postérieure du pis est couverte de petits poils dirigés de bas en haut, formant des plaques de diverses dimensions appelées *écussons* ou *épis* ; plus ces épis sont étendus, moins il y a de poils couchés de haut en bas, plus est grande la chance d'avoir une bonne laitière.

Au contraire, lorsque les épis n'occupent qu'une faible partie du pis sous forme d'une ou plusieurs bandes étroites, irrégulières, formées par des poils couchés en tous sens, la vache est mauvaise laitière.

Quand les épis ne sont ni larges ni étroits, c'est que l'on a à faire à une médiocre laitière.

Nous recommandons de combiner le procédé Guénon avec les signes que nous avons indiqués, et l'on aura toutes chances de bien réussir dans le choix d'une bonne vache.

7. Maintenant que nous connaissons les moyens de reconnaître une bonne vache laitière, nous dirons un mot de la façon dont elle doit être nourrie. Ainsi une vache mise au vert, c'est-à-dire nourrie d'herbes fraîches et de racines, donne beaucoup plus de lait que celle qui est nourrie au fourrage sec, surtout si ces herbes proviennent de prairies naturelles, qu'il faut préférer aux luzernes, trèfles, etc. Certaines plantes communiquent au lait une saveur particulière assez désagréable : tels sont les choux, les navets, etc.; d'autres, comme les *ails*, les *oignons*, les *poireaux*, le rendent très mauvais.

10.

On peut considérer comme bonne laitière une vache qui fournit de 12 à 15 litres de lait par jour ; il en est qui donnent 20 litres et plus ; mais ce sont des exceptions.

8. Ce que nous avons dit des écuries et des étables s'applique aux vacheries, qui doivent aussi être tenues propres et parfaitement aérées ; toutefois, on aura soin, dans les écuries comme dans les étables, que le courant d'air soit le plus haut possible pour que les animaux n'en soient pas affectés. Si l'on ne peut, ce qui arrive souvent, établir, par des croisées bien placées, un courant d'air convenable, on fera des cheminées d'aérage, qui seront peu coûteuses si on les fait en bois. Nous recommandons de blanchir à la chaux une fois par an, à peu près, les écuries et les étables.

Questionnaire.

1. Parlez-nous du bœuf et dites-nous comment il doit être soigné. — 2. Comment doit-on nourrir un bœuf? faut-il le pousser au gras ou au fin gras ? — 3. Lequel vaut le mieux, du bœuf ou du cheval en agriculture ?—4. Quelle est de l'espèce bovine la race particulière à la Haute-Saône et dites-nous ce que l'on entend par croisement et par sélection. — 5. Parlez-nous de la vache laitière et dites-nous comment on la reconnaît. — 6. Qu'est-ce que la méthode Guénon ? — 7. Comment faut-il nourrir une vache laitière ? — 8. Quels soins doivent être donnés aux étables ?

CHAPITRE III

ESPÈCE OVINE.

1. Lorsque le mouton est arrivé à l'âge adulte, le mâle se nomme *bélier* et la femelle *brebis* ; les jeunes moutons s'appellent *agneaux* ou *agnelles* jusqu'à un an ; c'est à cet âge que poussent généralement les deux premières dents ; *antenois* ou *antenoises* jusqu'à ce qu'ils aient atteint leur troisième année.

Les variétés de moutons sont infinies ; on élève le mouton un peu partout dans la Haute-Saône, bien qu'il n'y ait pas de grands troupeaux ; dans l'arrondissement de Gray, un peu dans celui de Vesoul, on fait l'élevage et l'engraissement ; on commence dans quelques troupeaux à avoir des mérinos ; nous engageons les cultivateurs à en multiplier l'usage, ainsi qu'à essayer les dishley-mérinos et les south-down.

2. A quelque race que l'on s'arrête, il faut bien choisir ses moutons pour composer un troupeau ; l'âge, la santé, la force, les aptitudes à prendre l'engraissement et à fournir la laine sont autant de choses qu'il faut considérer.

En bonne santé, le mouton a l'œil vif et clair avec les veines et la surface intérieure des paupières d'un rouge très vif, le front et le museau secs, la bouche nette et vermeille, la laine fortement attachée, grosse et fine, et le jarret fort.

En mauvaise santé, le mouton a le regard triste, la tête

basse, l'haleine mauvaise. Il faut se méfier des bêtes qui ne font pas d'efforts pour se dégager lorsqu'elles sont saisies par une patte de derrière, ou bien qui restent couchées et n'ont point d'appétit.

Bélier mérinos.

Les laines blanches, fortes, douces, nerveuses et fines sont les meilleures; celles qui sont de couleur foncée, grosses, rudes au toucher, molles et faibles sont médiocres; celles dans lesquelles on trouve un mélange de jarre (poil noir et luisant) sont très mauvaises.

Mouton commun.

Les moutons exigent de grands soins; ils sont très délicats et, partant, sujets à une foule de maladies.

Si l'on veut avoir un troupeau bien productif, il faut un bon berger, ou au moins que celui qui en fait la besogne, en ait les qualités.

Un bon berger doit aimer ses bêtes, c'est indispensable. Il aura soin de ne sortir son troupeau qu'après la rosée du matin ; il le conduira d'un pas lent et mesuré en le précédant, d'abord dans un pâturage maigre, puis dans un meilleur ; il évitera les pâturages humides et modérera, s'il y a lieu, l'ardeur de ses chiens ; le troupeau ne devra pas se *masser*, un bon berger saura l'en empêcher.

Mouton dishlhey.

3. Tous les fourrages, pourvu qu'ils soient secs, conviennent aux moutons, donnés modérément et accompagnés d'une nourriture verte ou fraîche ; les racines, les tubercules sont aussi très bons pour hiverner un troupeau.

Si l'on est à proximité d'une fabrique de sucre, ou d'une distillerie, on trouvera dans la pulpe de betteraves une nourriture excellente et très économique que l'on mélangera avec de la paille hachée. Les effets de cette nourriture seront aussi rapides qu'assurés, si l'on y ajoute des tourteaux.

Le mouton donne plusieurs produits : sa laine d'abord, puis son fumier, et enfin sa chair.

4. *Tonte*. —C'est ordinairement au printemps, lorsque les froids ne sont plus à craindre, que la tonte a lieu, une fois par an seulement. On reconnaît que la tonte doit se faire lorsque, en écartant les mèches de la vieille laine, on voit qu'elle se détache facilement et que l'on aperçoit les pointes de la nouvelle.

On tond les laines avec le *suint*. Quelques personnes les lavent à dos; c'est un tort, le lavage est toujours incomplet, il durcit la laine, refroidit et mouille les moutons.

On appelle *suint* une substance grasse, d'odeur forte, dont les laines sont enduites.

L'engraissement à l'étable est celui qui est généralement adopté dans le pays; c'est le meilleur, mais aussi le plus coûteux; c'est pour cela que quelques cultivateurs engraissent partie à l'étable et partie dans les champs. On engraisse bien avec des fourrages de bonne qualité, des betteraves, des carottes, des pommes de terre cuites, des farines d'avoine et d'orge, etc. Nous conseillerons d'arroser de temps en temps les rations avec de l'eau salée, qui excite l'appétit et entretient la bonne santé.

5. On reconnaît qu'un mouton est gras en le tâtant à la queue qui devient quelquefois grosse comme le bras, et en palpant l'animal aux épaules et à la poitrine qui prennent du volume et s'arrondissent.

6. Les bergeries doivent être aérées par de nombreuses fenêtres et avoir une large porte d'entrée.

La mangeoire aura, y compris le râtelier, une largeur de 0,50 centimètres, et on disposera ce dernier de façon à éviter que le menu fourrage ne tombe sur la tête ou sur la toison de l'animal. Un mouton occupe, en moyenne, 40 centimètres de place à la mangeoire; le développement à donner aux crèches doit donc être d'autant de fois 40 centimètres qu'il y a de bêtes dans le troupeau. Il faut à un mouton 1 mètre carré, et 0,75 centimètres à un agneau; on peut se régler sur cette base pour les dimensions à donner aux bergeries.

On appelle *bergerie simple*, celle où les râteliers sont

placés le long des murs sans rangs de crèches au milieu ;
si au contraire il y a plusieurs rangs de crèches placés
soit en longueur, soit en largeur, on dit que la bergerie
est double.

VACCINATION CHARBONNEUSE.

Tout le monde connaît cette affreuse maladie, le *charbon*,
appelée aussi *sang de rate*, qui, trop souvent, fait de si
grands ravages parmi les bœufs, les moutons et quelquefois même parmi les chevaux.

Jusqu'à présent on ignorait la cause de ce mal atroce;
on ne le guérissait guère, quand on le guérissait, qu'en
recourant à des remèdes excessivement énergiques : *scari-
fication, cautérisation au fer chaud,* etc.

Grâce à M. Pasteur, membre de l'Institut, dont le nom
est universellement connu pour de nombreuses découvertes en chimie agricole et industrielle, grâce, dis-je, à
M. Pasteur, la nature du charbon est connue, et comme conséquence, le moyen de s'en préserver à peu près assuré.
C'est par une nouvelle vaccination que ce but est atteint.

L'école lyonnaise a continué et complété les études
faites déjà sur les affections charbonneuses, et de ces études
il ressort clairement que la *fièvre charbonneuse* ou *sang
de rate,* qui sévit principalement sur les moutons, et le
charbon symptomatique ou *charbon externe,* qui frappe
particulièrement le bœuf, longtemps considérés comme
des manifestations d'une même maladie, sont deux affections distinctes occasionnées chacune par un *microbe*
spécial.

Les *microbes* ont été, par des préparations spéciales,
isolés, cultivés, et, chose admirable, transformés en vaccins.

M. Pasteur avait prouvé que le *sang de rate* était produit par un organisme microscopique, une sorte de végétal inférieur, appelé *bactéridie*, qui se développait dans le sang de l'animal et amenait promptement sa mort.

Il rendit cette *bactéridie* vaccinale, en atténuant par des préparations particulières la virulence dont elle est douée, de façon à pouvoir, comme la vaccine humaine, l'inoculer à l'animal, qui alors se trouve préservé de maladie sérieuse, au moins pendant un certain nombre d'années.

Pendant que M. Pasteur obtenait cet immense résultat, MM. Arloing, Cornevin et Thomas trouvaient, de leur côté, le moyen de vacciner contre le *charbon symptomatique* en injectant le microbe spécifique dans le torrent circulatoire.

Après de très nombreux essais, ils sont parvenus à rendre facile l'application de leur système et ont ainsi complété l'admirable découverte de M. Pasteur.

Le cadre de cet ouvrage ne nous permette pas d'entrer dans le détail des opérations que nécessitent les différents modes de vaccination, qui, du reste, sont du ressort du vétérinaire ; nous avons voulu seulement appeler l'attention sur cette précieuse découverte et bien établir que désormais le charbon, cet immense fléau, n'est plus incurable.

Le conseil général de la Haute-Saône a voulu mettre les cultivateurs du département à même de voir de près les diverses applications de ces précieuses découvertes ; il a voté une somme de 2,500 francs pour que des expériences fussent faites publiquement sous le patronage de la Société d'encouragement à l'agriculture fondée dans le département.

Nous prions MM. les instituteurs de vouloir bien tenir leurs élèves au courant des résultats qui seront obtenus et qui leur seront communiqués par le Bulletin mensuel (*Le Sillon*) que publie la Société d'encouragement.

M. Pasteur dont les travaux ont tant contribué à engager la pathologie comparée dans la voie où elle se trouve aujourd'hui, est un Franc-Comtois; il est né dans le Jura (1).

Questionnaire.

1. Comment se nomme le mouton à ses différents âges ?—2. A quoi doit-on s'attacher lorsque l'on forme un troupeau et que l'on veut qu'il profite? — 3. Quelle nourriture convient aux moutons? — 4. Parlez-nous de la tonte et du suint. — 5. Comment reconnaît-on qu'un mouton est gras? — 6. Comment doit-on établir les bergeries?—Parlez-nous du charbon et de la vaccination charbonneuse.

(1) MM. Arloing, Cornevin et Thomas, dont il a été parlé plus haut, professeurs à l'école de Lyon, ont entrepris de vulgariser les diverses vaccinations charbonneuses. Dans les différents pays où ils ont été appelés, ils ont obtenu de nombreux succès tant sur les bœufs que sur les moutons.

CHAPITRE IV

1. Le *porc* ou *cochon* descend probablement du sanglier, modifié, transformé par la servitude. Le cochon est le plus fécond, le plus répandu et l'un des plus utiles des animaux domestiques.

Nous avons, en France, de très nombreuses races de porcs ; mais toutes sont mélangées, croisées, et il y a maintenant, dans leurs caractères distinctifs, une grande confusion. Nous en avons de grandes, de petites, de moyennes, de noires, de blanches, à longues, à petites oreilles, etc., etc. Toutes ces variétés ont leurs qualités et leurs défauts.

2. Quoi qu'il en soit, lorsque l'on fait choix d'un porc, il faut le prendre robuste, d'une race qui croisse et engraisse facilement, et pour cela on recherchera autant que possible les caractères suivants : le cou court, les épaules écartées, la peau fine, le dos droit et large, les côtes bien arrondies, les os petits et les jambes pas trop longues. Quand on aura une femelle (laie, truie) à choisir, outre les caractères ci-dessus, on la prendra douce, pour qu'on la puisse soigner facilement et pour qu'elle ne maltraite pas ses petits.

3. Le cochon, en général, a le caractère mauvais ; il est glouton, mange de tout, même les excréments ; il utilise donc tous les débris des matières animales et vé-

gétales qui, sans lui, seraient sans emploi, et en échange
il donne à la consommation publique tout son corps : sa
chair, son sang, sa graisse, ses pieds, etc., et, malgré cette
incontestable utilité, cet animal est méprisé et presque
toujours mal soigné. Cependant l'élevage en grand du

Porc commun.

cochon, quand il est convenablement fait, donne de beaux
bénéfices. Sans entrer dans le détail des soins qui sont pour
cela nécessaires, nous dirons seulement que la femelle met

Porc chinois.

bas au bout de 100 à 123 jours, et qu'elle fait par an
2 portées qu'il faut, à cause du froid, faire en sorte d'obtenir, la première fin février ou commencement de mars,
la deuxième fin août ou commencement de septembre.
Elle n'a que 12 mamelles ; quelquefois cependant elle fait

un plus grand nombre de petits ; on ne lui en laisse que
dix, qu'il faut surveiller, dans les premiers jours surtout ;
car il peut arriver qu'elle les détruise ou même les dévore ;
quant aux autres, on les mange ou bien on les vend
comme des cochons de lait. La mère nourrit ses petits avec
son lait, auquel on ajoute au bout de quinze jours, comme
supplément, un peu d'autre lait avec de la farine, ou des
pommes de terre cuites et écrasées. Enfin, on les sèvre au
bout de six semaines à deux mois ; on les met à part dans
une hutte propre, aérée et pourvue d'eau ; on leur donne

Porc anglais.

plusieurs fois par jour des eaux de vaisselle dans lesquelles on met du son, du grain, de la farine, des pommes de terre, etc., etc., en ayant soin de les rationner,
car ils sont si voraces qu'il serait dangereux de satisfaire
leur appétit qui est insatiable. Si l'on ne peut nourrir
qu'un ou deux sujets d'une portée, c'est après le sevrage
qu'on vend le mieux les autres : car dans nos campagnes
franc-comtoises presque tous les ménages achètent un
cochon que l'on engraisse pour les besoins de la famille.

4. *Engraissement du cochon.* — L'époque le plus favorable pour engraisser est au commencement de l'hiver : car
alors le cultivateur a le temps de s'en occuper, les récoltes
sont rentrées et l'animal profite plus à cette saison qu'à

aucune autre. Entre autres manières d'engraisser, nous conseillons la suivante: on donne des carottes, des betteraves, des pommes de terre crues d'abord; puis on les fait cuire et on les mélange avec des eaux grasses, du petit-lait (lait écrémé); au bout de quelque temps et pour achever l'engraissement, on remplace les légumes par des farines de seigle, d'orge, de son, de maïs, etc. Avec des pulpes de distilleries, de fabriques de sucre, on fait aussi un bon engraissement; celles de brasseries donnent beaucoup de chair et peu de lard. Enfin, nous l'avons dit, le cochon mange de tout et s'engraisse facilement, s'il est de bonne race, en 8 ou 9 mois.

Questionnaire.

1. Quelle est l'origine probable du porc? Offre-t-il beaucoup de variétés? — 2. Comment doit-on choisir un porc? — 3. Quelle est l'utilité du porc et comment l'élève-t-on? — 4. Dites-nou comment on engraisse les cochons.

CHAPITRE V

BASSE-COUR.

1. On donne ce nom à la cour sur laquelle ouvrent les loges à porcs, les poulaillers, colombiers, pigeonniers, etc., et par extension, dans les petites exploitations qui ne peuvent avoir de cour spéciale, on appelle basse-cour tout le menu bétail de la ferme : *lapins, volaille, pigeons,* etc. Nous allons commencer par le lapin.

2. Le lapin domestique s'entretient à peu de frais, vit d'une foule de débris sans valeur, donne une viande de bonne qualité, une belle fourrure et un excellent fumier.

Nous souhaitons que son usage se répande beaucoup ; il améliorerait la nourriture des campagnes où la viande dite de *boucherie* est si rare, et, en ce moment, d'un prix si élevé.

Les baraques à lapins (clapiers) seront au midi ou au levant, de force à pouvoir résister aux chats et aux fouines, etc., bien aérées, avec un plancher en pente pour l'écoulement des urines.

Il y a trois variétés principales de lapins : 1º le *lapin commun* ou *gris* ; c'est celui qui existe par toute la France, il est bien connu par conséquent ; 2º le *lapin riche* ou *argenté* ; son poil est long, soyeux, gris ardoisé, son pelage est recherché par la pelleterie ; il devient quelquefois très gros ; 3º le *lapin angora* ; il est gris cendré, blanc ou

jaune ; ses poils sont soyeux, très longs, on les récolte en les peignant ou en les tondant ; il devient moins gros que le lapin argenté, mais sa chair est préférable.

Le mélange de ces races a produit des lapins qui, sans appartenir à aucune race spéciale, participent de toutes et ont formé d'innombrables variétés.

Presque toutes les plantes conviennent aux lapins : la *luzerne*, le *sainfoin*, le *trèfle*, les herbes que l'on arrache dans les jardins ; ils aiment les *choux*, les *laitues* ; mais ces plantes étant très aqueuses, il faut les mélanger avec des plantes aromatiques ou amères, *thym*, *serpolet*, etc. Pendant l'hiver on leur donne des pailles, des betteraves, des fourrages secs, des pommes de terre cuites. Toutefois,

Lapin domestique

si peu difficiles qu'ils soient, il faut éviter de leur donner des herbes mouillées par la rosée ou par la pluie.

On leur donne à manger deux ou trois fois par jour et non pas une seule fois, ainsi que quelques personnes ont l'habitude de le faire.

L'engraissement du lapin est facile : 15 jours à 3 semaines suffisent ordinairement ; on les met à part, et on leur donne une nourriture bonne et variée, un peu d'orge, d'avoine.

On obtient un très prompt engraissement par le procédé suivant : on prend un morceau de planche juste assez large et assez long pour que le lapin puisse se tenir dessus avec sa nourriture ; on fixe cette planche contre un mur et l'on y met l'animal qui ne bouge pas, tant il a peur de tomber ; on lui donne sa nourriture trois fois par jour, et, bientôt favorisé par cet immobilité forcée, l'engraissement devient complet.

OISEAUX DE BASSE-COUR

3. *La poule.* — L'utilité indiscutée de la poule en fait certainement le plus important des oiseaux de basse-cour. Sa chair est bonne, ses œufs sont nourrissants et forment une précieuse ressource, ses plumes servent à une foule d'usages, et ses excréments sont un excellent fumier. Cependant, à moins d'en faire une spécialité, il ne faut pas avoir trop de poules dans une ferme. Règle générale, il ne faut de poules que ce que l'on peut en nourrir sans rien acheter et sans être forcé de donner des grains que l'on peut vendre.

Trop souvent on laisse les poules dans les écuries ou les étables ; leurs plumes se mêlent aux aliments et occasionnent des accidents ; il faut avoir un *poulailler* ; ainsi se nomme le logement des volailles. On l'adosse à un mur autant que possible au midi ; il doit être crépi intérieure-

Coq et poule de Houdan

ment et extérieurement, chaud en hiver et frais en été. On tiendra toujours la porte d'un poulailler fermée ; mais on

Coq et poule communs.

y ménagera à environ 0^m 10 cent. du sol une petite ouverture, juste assez grande pour ne laisser passer qu'une poule à la fois.

Le poulailler doit être nettoyé le plus souvent possible et blanchi à la chaux au moins tous les ans ; on placera au milieu, pour recevoir de l'eau que l'on changera tous les jours en été, et au moins trois fois par semaine en hiver, une auge en bois ou en pierre. Il est bon aussi, pour que les poules ne fassent pas leurs nids à terre, de placer à environ de 0^m 33 cent. du sol des paniers, que l'on garnit d'étoupes et de foin et que l'on nettoie de temps en temps.

Coq et poule de Crèvecœur.

4. Le choix des races doit être judicieusement fait ; elles sont très nombreuses tant françaises qu'étrangères : nous recommandons nos races françaises qui suffisent, si on les choisit bien, pour former une bonne basse-cour, plutôt que de rechercher avec des races étrangères des améliorations toujours très difficiles et qui, en général, ne donnent que de médiocres résultats.

Choix de la poule. — Il faut s'en tenir, comme nous l'avons déjà dit, aux races communes et choisir une poule ayant un caractère doux, un plumage foncé, la tête grosse, la crête d'un rouge vif, la poitrine large, les jambes et les pieds jaunâtres ; les poules qui imitent le chant du coq sont mauvaises ; une bonne poule ne doit pas quitter la ferme.

Une poule est bonne pondeuse quand elle a la crête courte et double, le ventre gros, pendant et bien emplumé ; elle sera facile à engraisser lorsqu'elle aura la huppe bien fournie, la crête volumineuse, les jambes grosses, de couleur foncée, jaunâtre ou verdâtre, les os légers, la peau fine. Elle est bonne couveuse quand elle a le corps trapu et bas, le ventre gros et les cuisses bien fournies de plumes légères et nombreuses. Ces signes ne sont pas infaillibles ; mais ils sont généralement assez exacts.

Choix du coq. — Le succès d'une basse-cour dépend souvent du coq ; il faut donc le bien choisir :

On doit le prendre de taille moyenne, ayant l'allure hardie, la tête haute, l'œil vif, la queue à deux rangs faisant une courbe gracieuse ; il doit, en outre, être ardent, vif, plein de sollicitude pour ses poules qu'il sera toujours disposé à défendre.

Un bon coq peut être le chef de 15 à 20 poules.

5. *Nourriture.* — Pendant une partie de l'année, on laisse courir les poules, qui se nourrissent par-ci, par-là ; toutefois, il faut leur donner deux rations supplémentaires composées de menus grains, de criblures, de pâtée de pommes de terre cuites, de salade, etc.

Si l'on compte tout ce que coûtent les poules, on verra qu'elles donnent peu de bénéfices ; cependant, elles sont pour nos fermes une telle ressource qu'il faut bien se garder de les exclure.

Les poules commencent à pondre vers l'âge de 6 mois, dès le matin en été, en retardant davantage au fur et à mesure que l'on avance en saison; il faut ramasser les œufs deux fois par jour, et veiller, si une poule pond en dehors du poulailler, à trouver sa cachette, dont on ne la dérangera pas.

6. *Couvaison.* — On choisit, pour faire couver, des œufs de 20 jours au plus, provenant de jeunes poules, avec un seul jaune; on n'en donnera à la poule couveuse que ce qu'elle pourra couver, une douzaine au plus.

Après 7 ou 8 jours de couvaison, on *mire* les œufs, c'est-à-dire qu'on les regarde à la lumière : les bons sont louches et les mauvais sont clairs; au bout de 19 à 20 jours, la couvaison est terminée, les œufs s'ouvrent et les poussins sortent du nid; on ne s'occupe pas d'eux pendant 24 heures; après ce temps et pendant les 15 à 20 premiers jours, ils exigent de très grands soins, ils craignent l'humidité et l'ardeur du soleil; dans les deux premiers jours on leur donne du pain émietté, puis on remplace le pain par du froment; du 12° au 15° jour, les plumes de la queue et des ailes commencent à pousser; il leur faut alors une bonne nourriture; lorsque ces plumes apparaissent tout-à-fait, ils sont hors de danger : on les laisse courir avec la mère, et après 4 ou 5 semaines ils peuvent aller en liberté. A l'âge de 3 ou 4 mois, on peut manger un poulet comme primeur, s'il a été nourri au grain.

Questionnaire.

1. Qu'entend-on par basse-cour et quels sont les animaux qui la composent? — 2. Parlez-nous du lapin et dites-nous la manière de l'élever et de le nourrir. — 3. Qu'avez-vous à dire de la poule et de la façon dont doit être fait le poulailler? — 4. Le choix des races, de la poule et du coq sont-ils bien importants? dites-nous comment on doit les choisir. — 5. Quelle nourriture leur convient? — 6. Qu'y a-t-il à faire lorsque l'on veut faire couver et quels soins doit-on donner aux poussins?

CHAPITRE VI

1. *Chapons, poulardes.* — Dans la Haute-Saône on ne fait ni chapons ni poulardes ; nous n'entrerons donc pas dans le détail des soins qu'il faut alors donner à ces animaux ; on se borne à engraisser la volaille. Ce n'est ni bien long ni bien difficile : tous les farineux sont bons pour cela ; la farine de sarrasin, de maïs, est excellente en pâtée avec du lait, même avec de l'eau. Ce que nous pouvons dire, c'est qu'il ne faut pas laisser vieillir les volailles que l'on veut engraisser ; au-dessus de 7 mois, elles ont la chair déjà dure. L'engraissement en liberté est plus long, mais il donne de bien meilleurs produits.

Oie. — Dans les pays de pâturages où l'eau est abondante, l'élevage des oies est avantageux: il y a deux espèces d'oies, la *grosse* et la *petite;* le mâle s'appelle *jars.* L'oie, comme la poule, doit chercher sa nourriture une partie de l'année dans les champs, les pâturages, etc. ; mais, matin et soir, on fera bien de lui donner des criblures de grains. Les oies ne font qu'une couvée par an et pondent de 12 à 20 œufs ; il faut

Oie.

faire couver les œufs de l'oie par une dinde, ou mieux par une poule à laquelle on ne donne que 5 ou 6 œufs. Quand les petits sont éclos, il faut les enlever de dessous la mère, on les met avec cette dernière dans un endroit chaud, et pendant 8 à 10 jours on les soigne particulièrement en leur donnant une bouillie de farine d'orge et de lait ou de l'herbe tendre hachée. Ce temps écoulé, on les laisse aller en liberté.

On engraisse les oies en 25 ou 30 jours, en les tenant immobiles dans un lieu obscur et en leur donnant une pâtée faite avec de la farine de *maïs*, de *sarrasin*, d'*orge*, ou des *pommes de terre* cuites avec du lait.

2. *Canards*. — Sans eau où ils puissent barboter, pas de canards, car alors leur chair est mauvaise.

Canard.

Il y a une foule de variétés de canards qui n'ont rien de saillant. On fait couver les œufs de canard par une poule ; la couvaison dure un mois environ ; une fois éclose, il faut garder la couvée pendant une douzaine de jours en lieu sûr et chaud: car les jeunes canetons sont excessivement délicats ; on les nourrit pendant ce temps d'une pâtée légère de farine d'orge, de pommes de terre cuites avec de l'eau de vaisselle, et on ne leur ménage pas l'eau fraîche ; quand ils seront assez forts, on les mettra en liberté ; à 6, 8 mois, les canards ont tout leur développement.

On les engraisse plus facilement que les oies ; il suffit de leur donner une nourriture plus abondante et plus substantielle.

3. *Dindons*. — Le dindon est le plus difficile à élever de tous les animaux d'une basse-cour ; il n'y a donc pas avantage à le faire, à moins que l'on n'ait à sa disposition des terrains en friches où il soit possible d'élever des dindons en troupeaux.

La ponte commence ordinairement en mars ; une dinde pond généralement un œuf tous les deux jours pendant environ 6 semaines. Quand on veut faire couver, on met dans le nid, pour attirer la pondeuse, un œuf en craie ; elle n'arrête plus quand elle a commencé. La dinde est bonne couveuse, l'éclosion arrive au bout d'un mois ; on ne peut sortir les petits que 8 jours après leur naissance et encore ont-ils besoin de soins incessants ; il faut leur donner la becquée pour les habituer à prendre leur nourriture, qui se composera de pâtée faite de *farine d'orge*, de *lait*, de *son*, de *soupe* et d'*œufs* ; ils sont très sensibles aux intempéries, dont il faut les préserver. A 15 jours on leur donne des *orties*, de la *laitue*, de l'*herbe de pré*, et

cela jusqu'à 2 mois ; à cet âge, ils prennent le *rouge*, c'est-à-dire que les caroncules de leur tête et de leur cou se colorent. Ce moment est critique : on leur donne des jaunes d'œufs, du froment, du chènevis, un peu de vin, avec leur nourriture ordinaire. Quand le rouge est pris, plus n'est besoin de tous ces soins ; on les laisse vivre et se mouvoir en liberté.

Dindon.

Quand les dindonneaux ont 6 mois, on peut songer à les engraisser ; on les enferme dans un lieu sec et obscur et on leur donne à discrétion un mélange de farine d'orge, de maïs, de sarrasin avec des pommes de terre cuites ; puis après 20 ou 25 jours de ce régime, on leur donne des boulettes de farine d'orge.

Pintades, faisans, paons. — Ces animaux sont un

objet de luxe plutôt que des animaux de basse-cour. Ils s'élèvent comme les poules ; la paonne couve en liberté ; on fait couver les œufs de faisan et de pintade par une poule, et les petits ainsi couvés s'élèvent comme les petits poulets.

4. *Pigeons.* — Il y a, relativement, peu de pigeons dans la Haute-Saône ; on n'y voit pas, comme en certains départements, chaque ferme avoir son colombier. Ce n'est pas un mal ; car le pigeon qui semble ne rien coûter parce qu'il se nourrit lui-même dans les champs, vole plus qu'il ne vaut ; quant aux pigeons de volière, ils sont plus coûteux encore. Nous en dirons cependant quelques mots ; car, en somme, ils sont utiles comme aliment et pour leurs excréments qui, nous l'avons dit ailleurs, prennent le nom de *colombine.*

5. Il y a 2 races de pigeons, le *fuyard* ou *biset* et le *pigeon domestique.* Pour avoir des pigeons fuyards, il faut un *colombier* ou *pigeonnier.* De quelque dimension, de quelque forme qu'il soit, il sera propre, blanchi à la chaux et carrelé, non planchéié : on fera avec de la paille une litière que l'on changera assez souvent, le fumier sera enlevé quatre ou cinq fois par an et mis au sec. Les murs seront garnis de *nids* en proportion avec le nombre de pigeons.

Pour peupler un pigeonnier, on enferme dans le colombier des pigeons de l'année précédente, on les y nourrit jusqu'à ce qu'ils aient des œufs ; puis par un temps nuageux on leur ouvre la porte, et pendant quelque temps on dépose dans le colombier du sarrasin, du chènevis. Une fois qu'ils ont des petits, ces précautions sont inutiles. Il y a d'autres moyens encore de les fixer, mais celui-ci est le plus facile.

Il faut avoir soin qu'il y ait autant de mâles que de femelles dans le pigeonnier. Les pigeons s'accouplent à l'âge de 4 à 5 mois et donnent jusqu'à dix pontes par an ; ils n'en donnent que 5 ou 6 dans la Haute-Saône. Le mâle et la femelle couvent alternativement.

Dès que les pigeonneaux sont couverts de plumes et qu'ils commencent à vouloir sortir du nid, ils sont bons à manger. Pour les engraisser, on les retire alors du nid, on les met dans un panier et on leur donne 3 ou 4 fois par jour une bouillie de blé noir, de maïs, de sarrasin, etc. ; on les tient dans l'obscurité et au bout de 5 ou 6 jours ils sont gras.

Pigeon biset.

On ne donne à manger aux pigeons fuyards que quand la terre ne fournit pas de quoi les nourrir ou que les pluies les empêchent de sortir.

6. *Volière.* — La volière est un objet de luxe qui affecte toutes les formes, on ne peut rien dire sur la façon de l'établir.

Les volières se peuplent comme les colombiers ; le pigeon mondain, mélange de toutes les races, est celui qui convient le mieux pour peupler une volière.

On lui donne à manger 2 ou 3 fois par jour. Tous les pigeons aiment les grains, les pois, les lentilles, le maïs, le sarrasin, etc., etc.

IL NE FAUT PAS DÉTRUIRE LES PETITS OISEAUX.

7. C'est une recommandation qu'il faut faire sans cesse, car les oiseaux sont d'une bien grande utilité en agriculture ; en les détruisant, on détruit les ennemis nés d'une quantité immense d'insectes dont la multiplication est aussi désagréable que funeste.

Une nichée de 4 rossignols a consommé, en un mois,

220 grammes d'œufs de fourmis. Les *hirondelles* vivent surtout d'insectes qui peuplent l'air ; les *mésanges*, les *merles*, les *martinets*, les *pinsons*, les *pies*, font la guerre aux *hannetons*, aux *larves*, aux *chrysalides*, aux *papillons*, etc., enfin à toute cette prodigieuse quantité d'êtres qui nous échappent et qui vivent soit dans l'air, soit dans l'écorce des arbres, soit sur les feuilles vertes, soit dans la terre. La *cigogne* détruit les *reptiles* ; le *corbeau* enlève les cadavres de toutes sortes d'animaux morts ; la *chouette*, le *hibou*, détruisent les *rats*, les *souris*, les *taupes*, les *mulots*, les *chenilles*, etc. Les *chats-huants* se nourrissent presque exclusivement de rongeurs ; on a récemment, en quelques mois, retiré de la retraite d'un couple de ces animaux plus de 5 kilogrammes d'os de rats, de taupes, etc.

Questionnaire.

1. Fait-on des chapons et des poulardes dans le département ? Parlez-nous de l'oie. — 2. Comment élève-t-on et engraisse-t-on les canards ? — 3. Comment faut-il s'y prendre pour élever les dindons et les engraisser ? Parlez-nous des faisans, pintades et paons. — 4. L'élevage du pigeon est-il avantageux, combien y en a-t-il de sortes ? — 5. Comment établit-on un colombier et comment soigne-t-on les pigeons fuyards ? — 6. Comment ceux de volière ? — 7. Faut-il détruire les petits oiseaux ?

TROISIÈME PARTIE

HORTICULTURE

CHAPITRE PREMIER

Bien que ce soit à la fermière plutôt qu'au fermier à s'occuper du jardin, nous croyons cependant important qu'il connaisse les principes de l'horticulture, ne serait-ce que pour veiller à ce qu'il soit tiré de cette partie de l'exploitation tout ce que l'on doit en tirer.

1. *L'horticulture* ou jardinage n'est autre chose que de l'agriculture en petit. Elle repose, pour l'amélioration du sol et pour l'emploi judicieux des engrais, sur les principes généraux que nous avons exposés. Il y a cependant quelques règles spéciales dont nous nous occuperons.

Il y a plusieurs sortes de jardins, qui se distinguent par les différentes cultures auxquelles ils sont affectés. On les divise en 3 genres principaux : le *jardin potager*, le *jardin fruitier*, le *jardin d'agrément*.

Le jardin potager est spécialement consacré à la culture des légumes ; on l'appelle aussi *maraîcher*. Le jardin fruitier diffère du précédent en ce qu'il a pour but la culture et l'entretien des arbres à fruits. Est-il quelqu'un qui n'aime pas les fleurs? à côté des légumes et des fruits, choses nécessaires, il y a place pour une culture plus gracieuse. Un jardin sans fleurs n'est pas un jardin ; on aura donc un parterre ou *jardin d'agrément.*

2. Le plus souvent ces trois sortes de jardins se confondent dans un seul : un jardin potager renferme des

L'horticulteur.

fruits palissés le long de ses murs ou en plein vent, et des fleurs bordent les allées et forment des massifs gracieusement distribués à travers les légumes et les fruits.

Elles sont très rares, les fermes qui peuvent affecter un terrain spécial à chaque espèce de jardin. Nous ne parlerons pas du *jardin paysager,* du grand jardin avec bosquets, cascades, rochers, etc.: c'est le jardin du château et non de la ferme. C'est affaire d'architecte rural.

De la qualité du sol dépendent, en jardinage comme en agriculture, la qualité et la quantité des produits ; il faut donc, autant que possible, améliorer le sol par des amendements et des engrais, en se conformant aux règles que nous avons prescrites pour l'amélioration de celui que l'on destine à la grande culture.

Emplacement. — On établira le jardin le plus près possible de la ferme, pour que l'on puisse, presque sans dérangement, y prendre ce dont on a besoin, et pour que les gens de la ferme, les servantes surtout, puissent, à toute heure, consacrer leurs loisirs à quelques-uns des travaux d'entretien qu'un jardin réclame constamment.

Si, près de la maison, on ne pouvait établir de jardin, on se contenterait de cultiver alors quelques plates-bandes pour ornement, quelques plantes de l'emploi le plus usuel, et on établirait son potager dans un endroit convenable. Un jardin doit toujours être clos, sinon par des murs, au moins par une haie, une palissade, un fossé.

Étendue. — L'étendue d'un jardin doit être proportionnée à l'importance de la ferme : un grand jardin est toujours onéreux ; pour le restreindre, on cultivera les gros légumes en plein champ : *pommes de terre, carottes, navets,* etc.

Pas n'est besoin qu'un jardin de ferme soit savamment dessiné ; il suffit qu'il soit tenu propre et en ordre : des allées suffisamment larges et sablées, avec des bordures de buis, de fleurs ou de gazon, lui seront un ornement en même temps qu'elles faciliteront la circulation. On peut encore faire des bordures de *fleurs vivaces, œillets, mignardise,* etc., dont on réduit les touffes pour qu'elles ne prennent pas trop de place ; ou bien, ce qui vaut mieux, on emploiera certaines variétés de *fraisiers non traînants;* on aura l'utile et l'agréable. Quant au jardin, on le divisera en carrés avec des allées et des plates-bandes qui courront parallèlement aux murs de clôture, s'il y en a, et auxquels on palissera des arbres : *poiriers*, *abricotiers*, *pêchers*, *vignes*, etc. ; des arbres de plein vent seront plantés dans les carrés, de manière à ce qu'ils ne portent pas sur les légumes un ombrage nuisible.

Autant qu'on le pourra, on recherchera, pour son jardin, les expositions méridionales ; on remédie toutefois à une mauvaise exposition par des *abris*, soit artificiels, comme certaines clôtures, soit naturels, comme certains rideaux d'arbres disposés pour mettre obstacle à l'action des vents.

3. *Clôtures.* — Les clôtures ordinairement employées sont des murs ou des haies, ces dernières ne sont pas avantageuses ; sèches, elles durent peu, et vives, elles sont longues à pousser et prennent beaucoup de place. La meilleure haie vive est celle d'*aubépine ;* elle se taille et s'entretient facilement ; on en fait avec le *bouleau*, la *ronce*, l'*églantier*, etc., et très souvent, dans la même haie, on mélange toutes ces espèces. Les meilleures clôtures sont les murs *maçonnés* en pierres, en briques, voire même en terre, si elles sont crépies ; elles coûtent plus que les autres ; mais ce n'est, pour celui qui peut en faire la dépense, qu'une avance bientôt remboursée par les fruits obtenus des espaliers qu'on y aura plantés. La hauteur des murs doit être réglée sur les dimensions des jardins ; il est évident que de très hauts murs dans un jardin étroit donneraient, une grande partie de la journée, une ombre préjudiciable ; on fera plus hauts les murs du côté des vents et du nord et plus bas ceux du côté du midi, afin d'y laisser arriver le plus de soleil possible.

Les murs destinés à recevoir des espaliers devront être recouverts d'une sorte de saillie en briques, en tuiles, même en bois, de 0,20 à 0,25 centimètres, comme d'une sorte de petit toit, pour éloigner de la plante les égouts des eaux de pluie ; cette saillie s'appelle *chaperons*. On garnit aussi les murs d'un treillage en lattes de sapin, de chêne, de châtaignier, que l'on place en carré sans toucher au sol ; on les scelle avec des crochets en fer, et, pour les conserver, on les peint à l'huile ou au goudron.

4. Arroser un jardin est absolument indispensable, car sans eau pas de légumes ; il faut, en créant un jardin, se préoccuper des moyens de s'en procurer par un puits, une citerne, un récipient quelconque, si l'on n'est pas à proximité d'un cours d'eau.

Questionnaire.

1. Qu'est-ce que l'horticulture ? y a-t-il plusieurs sortes de jardins et quelles sont leurs spécialités ? — 2. Comment peut-on réunir ces trois sortes de jardins en une seule, et quelle exposition, quel emplacement choisira-t-on ? — 3. Comment faut-il clore un jardin et quelles précautions, quelles dispositions faut-il prendre dans ce cas ? — 4 Est-il nécessaire de s'assurer de l'eau pour arroser ?

CHAPITRE II

AMÉLIORATION DU SOL.

1. En traitant de l'agriculture, nous avons parlé des diverses natures de terrains ; on les trouvera de même dans un jardin ; que l'on se rappelle qu'un bon sol agricole constitue aussi un bon sol de jardin. En conséquence, tout ce que nous avons recommandé pour améliorer le sol, *drainage, amendements, engrais,* s'applique à l'horticulture comme à l'agriculture, avec cette différence cependant qu'il faut beaucoup plus de fumier pour les plantes de jardin que pour celles qui se cultivent en plein champ.

Nous recommanderons donc plus particulièrement de ne rien perdre, de ramasser tous les débris : épluchures, mauvaises herbes, etc., etc., et d'en faire des composts qui seront toujours utiles. Nous n'avons rien à ajouter à ce que nous avons dit à ce sujet ; nous dirons un mot seulement de la terre de *bruyère*, dont nous n'avons pas eu à parler jusqu'à présent.

On trouve, en certains pays, la terre de bruyère toute formée ; elle provient de la bruyère décomposée. On l'emploie fraîchement extraite et bien nettoyée.

Quand on n'a pas de terre de bruyère naturelle, on en fait qui est presque aussi bonne en entassant des feuilles d'arbres recueillies en automne, on les mouille avec du purin, et, quand la masse est devenue un véritable terreau, on la mélange avec 1/3 ou 1/4 de sable fin et léger, que l'on trouve à peu près partout.

2. *Labours.* — Une terre, nous l'avons vu déjà, ne peut produire sans être ameublie, et nous savons comment, en agriculture, on obtient ce résultat. Au jardin, il en est de même; seulement la bêche, la houe remplacent la charrue et l'extirpateur, et le labour n'en vaut pas moins, au contraire; il a du reste toujours le même but : diviser le sol pour le rendre sensible aux influences de l'atmosphère, et le plus souvent possible ramener une partie du sous-sol à la surface.

La principale opération du jardinage est donc le labour à la bêche; il s'exécute de la manière suivante : on creuse d'abord, à l'une des extrémités du *carré* à labourer, un fossé qu'on appelle jauge ; on porte la terre retirée de ce fossé à l'extrémité opposée, afin de l'avoir tout près pour boucher la jauge formée par la dernière bande enlevée r on enfonce la bêche, on lève la motte qu'elle découpe, on; la retourne en la posant sur le sol et on l'émiette le plus possible ; on va ainsi en ligne droite parallèlement au fossé creusé pour commencer.

Les outils employés pour le jardinage sont : la *bêche*, la *houe* de diverses formes, le *râteau*, la *binette* et la *serfouette*, petit instrument composé de deux sortes de houes, l'une plate, l'autre à dents séparées par un œil qui reçoit le manche ; puis le *plantoir*, les *arrosoirs*, la *brouette*, etc. Tous ces instruments sont trop connus pour qu'il soit utile de les décrire.

3. *Semis.* — Cette opération doit être faite avec beaucoup de soin ; la plupart des graines de jardins sont très légères et ne peuvent être semées que par un temps calme; il en est même que l'on ne peut semer que mélangées avec du sable très fin ou de la terre très fine aussi.

Plus une graine est fine, moins on doit la recouvrir de terre; quand on a semé, il faut tasser la terre soit avec un rouleau, soit avec les pieds.

Les semis se font à la *volée*, en *rayons* ou en *poquets*.

On sème à la *volée* les petites graines lorsque l'on veut des plantes effilées; on sème épais et clair, au contraire, si l'on veut des plantes qui se développent. On recouvre les graines semées à la volée avec le râteau ou avec une petite herse.

Les plantes qui doivent être sarclées et binées se sèment en *rayons*; pour cela on ouvre, avec la partie pointue de la serfouette, un rayon de 0,04 à 0,05 centimètres de profondeur, on y répand la graine et on la recouvre en rabattant la terre par-dessus. C'est une bonne méthode, qui rend facile la culture d'entretien.

Pour semer en *poquets*, on dépose la graine dans des trous creusés à des distances variables suivant la nature de la plante; on la recouvre avec la terre que l'on rabat par-dessus.

4. *Plantation*. — Beaucoup de plantes de jardins se repiquent au *plantoir*; c'est le nom que l'on donne à un instrument très simple qui consiste en un morceau de bois effilé, garni d'une douille en fer et terminé par une crosse sur laquelle s'appuie la main de l'ouvrier.

Il faut, lorsque l'on a planté, arroser immédiatement, à moins qu'une pluie abondante ne vous dispense de ce soin; quelques plantes se reproduisent au moyen d'*oignons*, de *racines*, de *tubercules*; nous parlerons de ces modes de reproduction en traitant des plantes auxquelles on peut les appliquer.

5. *Binages*. — Ce que nous avons dit de l'utilité des binages pour les plantes agricoles, s'applique encore

mieux à celles des jardins ; on binera donc partout où l'on pourra passer un instrument ; ailleurs, on sarclera avec une lame de couteau ou à la main.

Arrosages. — C'est, nous l'avons dit, une chose des plus importantes ; on arrose ordinairement à la main avec des arrosoirs en zinc ou en fer-blanc.

Toutes les eaux ne sont pas également bonnes pour arroser ; il en est qui nuisent aux plantes: telles sont celles qui ont coulé à l'ombre et sont trop froides, celles qui sortent des tourbières, des marais, des sources, si on les emploie immédiatement. D'autres, au contraire, sont très bonnes : telles sont les eaux de rivières, de ruisseaux ; celles d'égouts sont excellentes.

On améliore les eaux mauvaises en les laissant, avant de les employer, pendant quelque temps exposées à l'air et au soleil, ou bien en y mélangeant des matières animales ou végétales de facile décomposition.

Au printemps on arrose le matin ; au contraire, en été, on arrose le soir pour que l'eau ne s'évapore pas trop vite.

Buttages. — Ils ont lieu en jardinage comme en agriculture ; on butte surtout la pomme de terre.

Paillages, terreautages. — On appelle ainsi des opérations qui ont pour but de conserver à la terre son humidité, après qu'elle a été arrosée. On fait un bon *paillis* avec du *fumier court* de cheval, à *demi consumé,* ou avec de la paille hachée, étendue régulièrement. Le paillage (paillis) est très utile, surtout quand il fait chaud, sur les plantes nouvellement en terre.

Contre-plantation. — On contre-plante pour économiser du temps et du terrain ; quand les légumes sont un peu développés, on en plante d'autres dans les espaces laissés libres ; ceux-ci poussent quand les premiers achèvent de mûrir et se développent complètement quand les premiers sont enlevés ; on a ainsi deux récoltes sur un même carré.

6. *Assolements.* — Un jardin ne doit jamais se reposer complètement ; il faut qu'il produise presque toujours, et pour cela il faut varier les récoltes. Ce que nous avons dit des assolements en agriculture, est ici parfaitement applicable ; une plante améliorante doit succéder à une plante épuisante.

Toutes les parties d'un jardin doivent être constamment en culture ; aussitôt qu'une récolte est enlevée, il faut préparer la terre pour une autre.

Un jardin se fume tous les ans, dans la proportion de 50 à 60 mille kilog. à l'hectare au moins.

7. *Cultures spéciales.* — La culture des primeurs en fruits ou en légumes, que l'on appelle *culture artificielle* ou *forcée,* ne rentre pas généralement dans les habitudes agricoles ; cependant, nous dirons quelques mots des travaux et des moyens employés pour les obtenir.

On obtient des *primeurs* en cultivant sur *couches.*

8. On appelle *couches* un amas de fumier, quelquefois mélangé de feuilles, qu'on assemble par lits dans les dimensions que l'on juge convenables, de manière à obtenir une fermentation qui produit de la chaleur. On recouvre ce fumier d'un lit de terreau provenant d'anciennes couches rompues.

Il y a plusieurs sortes de couches : 1° les *couches chaudes* ; 2° les *couches tièdes* ; 3° les *couches sourdes* ; ces désignations leur viennent de la plus ou moins grande chaleur qu'elles sont susceptibles de produire.

On se sert pour les couches chaudes de *cloches en verre* de *châssis* qui s'emploient pendant l'hiver et au printemps ; on sème sur couches comme en pleine terre les plantes dont on veut hâter la germination. La culture forcée se fait encore au moyen d'autres appareils : les *baches* et les *serres* qui sont plus particulièrement employées pour les fleurs.

Les formes, les dimensions des serres varient suivant les plantes que l'on veut cultiver. Le cadre de cet ouvrage ne nous permet pas d'entrer, à ce sujet, dans des détails qui ne peuvent être étudiés que dans des traités spéciaux.

Questionnaire

1. Parlez-nous des terrains pour le jardinage, de la terre de bruyère et de la façon de la remplacer quand on ne peut en avoir. — 2. Quelle est l'utilité des labours? comment se font-ils et quels sont les outils principaux employés en horticulture ? — 3. Quels sont les principes généraux à observer quand on fait des semis et comment s'exécutent-ils ? — 4. Qu'entendez-vous par plantation ? — 5. Dites-nous ce que sont les binages, les arrosages, les buttages, les paillages et ce que l'on entend par contre-plantation. — 6. Parlez-nous des assolements. — 7. Qu'entend-on par cultures spéciales et comment se font-elles ? — 8. Dites-nous ce que sont les couches, leur division et leur but.

CHAPITRE III

1. On appelle *légumes* toutes les plantes cultivées dans les jardins et destinées à servir à l'alimentation de l'homme ; nous allons les passer en revue en commençant par les plus utiles.

Pommes de terre. — Nous avons traité de l'utilité et de la culture de cette plante dans la partie agricole de cet ouvrage. Nous y renvoyons le lecteur, et nous nous contenterons d'indiquer quelques variétés précoces que l'on ne cultive pas trop en grande culture et que nous recommandons pour les jardins ; telles sont : la *naine hâtive*, la *Kydney hâtive*, la *marjolaine*, la *violette*, la *jaune de Hollande*, la *sept-semaines*, la *ronde bleue*. On plante ces variétés en mars ou en décembre et janvier sur couches pour récolter en avril.

2. *Choux.* — On pourrait cultiver cette plante en plein champ, elle y végéterait ; mais on ne le fait pas ordinairement. Il y a plusieurs variétés de choux, nous parlerons des suivantes : 1° les *choux cabus* ou *pommés* à feuilles lisses et glauques ; 2° les *choux de Milan*, d'un vert foncé, boursouflés et plus ou moins pommés ; 3° les *choux à racines* qui renferment les variétés de *choux-navets* et de *choux-raves* ; 4° les *choux-fleurs*, les *brocolis* et les *choux de Bruxelles*.

Chacune de ces espèces renferme une foule de variétés. On distingue les choux-fleurs des précédents, en ce qu'au lieu d'offrir leurs feuilles ou leurs tiges pour produits, ce sont les fleurs qui en forment la partie utile. Il y a : 1° le *choux-fleur* proprement dit, à feuilles allongées, lisses, d'un blanc jaunâtre, avec la tête plus ou moins arrondie ; 2° le *brocoli*, peu cultivé en France, dont la tête est plus forte et autrement colorée que celle du choux-fleur ordinaire.

Les choux réussissent dans toutes les terres bien ameublies et bien fumées, excepté dans celles qui sont trop humides. Bien qu'à l'exception des mois de décembre et de janvier on puisse en semer pendant toute l'année, il vaut mieux ne faire que deux semis, l'un en automne et l'autre au printemps ; on repique ensuite, et on cultive comme les plantes sarclées. Cette plante, au début de sa végétation surtout, demande de copieux arrosages ; on fera bien d'arroser le pied de la plante sans toucher aux feuilles, avec du purin coupé d'eau.

Le choux-fleur est assez difficile à cultiver ; il lui faut une bonne terre, comme au chou, et de très fréquents arrosages. On le sème en septembre et on le repique 15 à 20 jours après ; on le recouvre de cloches et de paillassons pour le préserver des froids. En mars, ou à peu près, on le met en place et on récolte en mai ou juin. Si on veut l'avoir plus tôt, on le sème sur couche, fin janvier, on le repique en mars et il pomme en juillet. On peut encore le semer fin mai pour le récolter en août ou septembre.

Le *brocoli* se cultive comme le choux-fleur ; on le sème en mai ou juin ; quand arrive l'hiver, on le couche dans des trous que l'on creuse à chaque pied et on le recouvre de litière ; on le mange à la fin de l'hiver. Nous l'avons dit, le *brocoli* n'est pas cultivé dans ces pays.

3. *Carottes.* — Il y a deux classes principales de carottes: la *carotte fourragère,* celle dont nous avons parlé dans les plantes agricoles, et la *carotte jardinière,* employée à l'alimentation de l'homme. Cette dernière renferme un grand nombre de variétés.

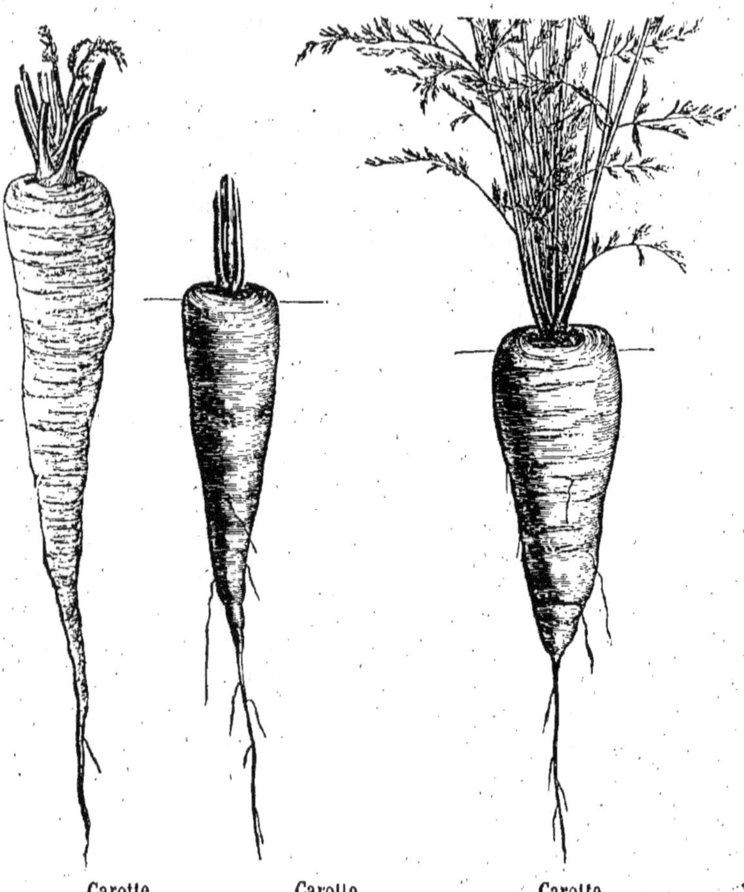

La culture de cette plante n'est pas difficile : elle demande une terre profonde et bien fumée ; on la sème en rayons, en ayant soin de rouler le sol préalablement, en mars ou avril, ou encore en août, pour les avoir petites avant l'hiver ; on arrose jusqu'à ce que les feuilles couvrent le sol, on sarcle et on bine quand il en est besoin, et on arrache lorsque les feuilles jaunissent ; on les récolte en octobre, et on les met en silos ou en caves pour les conserver.

Navets. — C'est une plante de grande culture sur laquelle nous ne reviendrons pas.

Radis. — Le radis offre une foule de variétés dont les principales sont : le *radis hâtif blanc*, le *radis blanc ordinaire*, le *rose hâtif*, le *raifort* ou *radis noir*.

Il faut à cette plante une terre un peu fraîche et ferme ; avant de semer sa graine, qui est petite et doit être peu recouverte, on fera bien de fouler un peu la terre. Afin d'en avoir pendant longtemps, on fait un semis tous les 8 jours; le radis végète très rapidement, on l'arrose souvent et il ne faut pas le récolter trop tard, car il devient creux et perd de ses qualités.

Salsifis, scorsonères. — Ces deux plantes se ressemblent, et s'emploient de la même façon ; on les sème en lignes, au printemps, dans une terre profondément labourée ; on sarcle et on arrose ; on peut quelquefois récolter la scorsonère à l'automne, mais il est mieux de ne la récolter que la deuxième année.

Panais. — Se cultive comme la carotte, à laquelle il ressemble beaucoup.

4. *Pois.* — Cet excellent légume fournit de nombreuses variétés que l'on divise en deux classes principales : *pois à écosser, pois mange-tout.*

Dans les *pois à écosser*, les uns sont nains, les autres doivent être ramés ; il y a le *pois michaud*, le *pois nain hâtif*, le *pois de Marly*, le *pois nain de Hollande*, etc., etc. ; toutes ces variétés sont cultivées pour être mangées vertes ; on préfère le pois normand pour le faire sécher.

Pois mange-tout. — Cette sorte de pois renferme aussi une grande quantité de variétés : le *pois éventail*, le *pois à demi-rames*, le *pois à grandes cosses*. Le plus précoce est le *pois à demi-rames* ; mais le meilleur est le *pois à grandes cosses.* Sans être difficiles sur le terrain, les pois préfèrent une terre légère, pourvu qu'elle soit bien pré-

Panais.

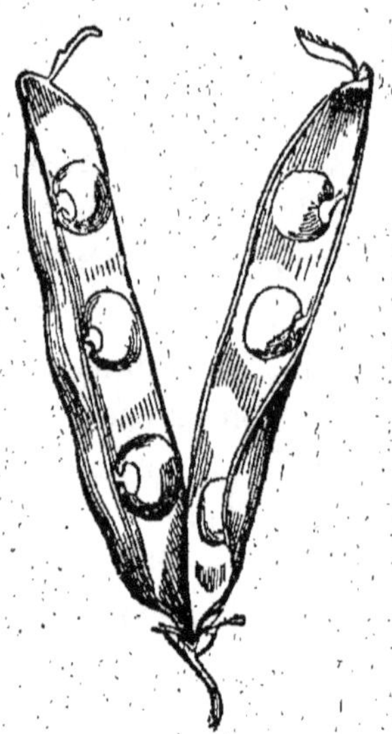

Gousse de pois.

parée ; on les sème en poquets ou en lignes, par touffes, en distançant les pieds et les lignes de 0,22 centimètres, en mars, avril, mai, à moins que l'on ne veuille des pri-

meurs, auquel cas on peut les semer sur bon terrain et à
l'abri dès le mois de février. Si l'on a soin d'en semer

Rameau du pois.

tous les 15 jours, on peut en avoir tout l'été. Cette plante
ne demande point d'engrais.

5. *Haricots.* — Encore une plante qui réussit à peu près
partout ; cependant elle préfère les sols légers, ni trop
frais, ni trop secs ; le haricot craint beaucoup l'humidité.

Les variétés de haricots sont très nombreuses ; les uns sont nains, les autres ont besoin d'être ramés ; les meilleurs, parmi les nains, sont : le *flageolet nain de Laon*, le

Flageolet.

Soissons.

Prague.

soissons nain, le *haricot rouge*, le *rouge d'Orléans*, le *haricot noir*. Parmi les espèces à rames, on préfère le *soissons*, le *prud'homme de Prague à grains violets*, celui à grains noirs, le *haricot-riz*.

Quand les gelées ne sont plus à craindre, on plante les haricots grain à grain, en lignes, en poquets, par touffes fin avril ou première quinzaine de mai, en ne les enterrant pas trop et en les recouvrant légèrement.

Il faut ramer les haricots et les pois qui doivent l'être, avant qu'ils soient poussés, pour ne pas déranger les racines et nuire à la végétation ; on bine, on sarcle aussi souvent qu'il en est besoin. Le haricot peut se succéder pendant 2 et même 3 ans.

Fèves. — Nous n'avons rien à ajouter à ce que nous avons dit ailleurs de cette plante.

Oignons. — Il y a un grand nombre de variétés d'oignons ; les principales sont : le *blanc*, le *rouge*, le *jaune*.

Il faut à cette plante une terre bien ameublie, bien préparée et bien tassée ; elle est meilleure si elle est fumée d'un an. On les sème au printemps, assez épais, sauf à éclaircir après la levée ; on sarcle le plus souvent possible, en ayant soin de bien tasser la terre à l'entour des pieds pour les faire grossir. On récolte quand les fanes sont jaunes et presque desséchées. Il ne faut pas que les oignons reviennent sur une même terre avant 6 ou 7 ans.

Il y a une autre bonne manière de cultiver cette plante, assez généralement, du reste, en usage dans la Haute-Saône. On les sème de bonne heure, le plus serrés possible, pour qu'ils poussent très petits ; on les arrache quand ils sont mûrs, on les conserve en lieu sec et on les plante l'année suivante au printemps. On les cultive et on les récolte comme les autres.

6. *Poireaux*. — Le poireau est bisannuel ; mais comm* il croît rapidement, il n'occupe la terre que peu de temps. Ses principales variétés sont : le *poireau long ordinaire*, le *poireau court*.

Le poireau demande une terre à très peu près préparée comme celle qu'il faut à l'oignon. On le sème en février, mars, même en avril ; on le repique quand il commence à grossir, par un temps pluvieux, autant que possible ; on le sarcle, on l'arrose souvent ; on pince les feuilles pour que les tiges grossissent et on le récolte au fur et à mesure de sa maturité. A l'approche des gelées on l'arrache, on le conserve ou en cave ou en rigoles, dans le jardin, en le recouvrant de terre jusqu'à la naissance des feuilles.

Épinards. — Les épinards sont un excellent légume, que l'on doit toujours avoir dans un jardin ; il y en a de plusieurs variétés dont les meilleures sont : l'*épinard à feuilles rondes* et l'*épinard à feuilles de laitue*. La culture de cette plante est des plus faciles. Si l'on veut en avoir pendant longtemps, comme ils durent peu, on en sème tous les mois, de mars à octobre, dans une terre ameublie, fumée, un peu ombragée, si c'est possible. On arrose de temps en temps.

Oseille. — L'oseille pousse partout ; cependant elle donne des feuilles d'autant plus larges qu'elle est sur une terre mieux préparée et fumée. Ordinairement, on plante l'oseille en bordure. Lorsque l'on veut s'en servir; il ne faut pas couper les feuilles, mais bien les casser, pour qu'elles repoussent plus vite et mieux.

Céleri. — Il y a deux variétés principales de céleri : 1° le *céleri long*, qui se cultive pour les feuilles qui sont comestibles ; le *céleri à grosses racines*.

Le *céleri long* n'est pas ou n'est que très peu cultivé dans la Haute-Saône ; nous allons en décrire néanmoins la culture. C'est en mars qu'on le sème ; sa graine met 20 à 25 jours pour lever. Il faut une terre bien préparée, fumée, et de fréquents arrosages ; on repique les plantes dans des fosses de 30 à 35 centimètres de profondeur sur 50 à 60 de largeur, bien labourées et bien fumées. On butte les pieds, en laissant les feuilles à découvert. Au fur et à mesure que ces dernières croissent, on les lie de nouveau jusqu'à ce que la plante ait atteint tout son développement. Aux premières gelées, on le recouvre avec de la litière, et, l'hiver, on le rentre à la cave où on le conserve sur du sable frais.

Céleri-rave. — Cette variété est la seule à peu près qui soit cultivée dans la Haute-Saône. Il nécessite les mêmes soins que le précédent, avec cette différence qu'on ne butte pas les pieds et qu'on ne lie pas les tiges, parce que l'on veut que la plante se développe surtout en racine. Il résiste mieux à la gelée que le précédent, et, comme lui, se conserve en cave ou en silos.

Betteraves. — Nous avons dit sur cette plante tout ce que nous avions à dire ; nous ajouterons seulement que la seule variété qui paraisse sur nos tables est la *betterave rouge* qui, du reste, se cultive comme les autres variétés.

7. *Laitue*. — Cette plante compte un très grand nombre de variétés que l'on peut toutefois diviser en deux

groupes principaux : la *laitue pommée*, la *laitue romaine* ou *chicorée*.

Laitues pommées. — Elles forment 3 groupes principaux : 1° *laitues de printemps*, 2° *laitues d'été* ; 3° *laitues d'hiver*.

Laitues romaines. — Les laitues romaines fournissent aussi un grand nombre de variétés, dont les principales sont : la *romaine blonde*, la *romaine verte*.

Toutes les espèces de laitues se cultivent à peu près de la même façon : on sème celles de printemps en février ou mars, sur couches, on les repique en avril ; celles d'été sont semées en pleine terre, du 15 avril au 15 juillet, et on les éclaircit un peu plus tard ; on peut également les semer sur couches sourdes pour avoir une pousse hâtive ; on les repique alors de 15 en 15 jours. On sème les laitues d'hiver du 15 avril au 15 septembre, soit en pleine terre, soit sur couches ouvertes ; on les repique alors fin octobre ou premiers jours de septembre.

Toutes veulent une terre bien meuble et bien fumée, des sarclages et des binages fréquents ; il faut les arroser souvent pour que les feuilles soient tendres. Quand arrivent les froids, on recouvre celles d'hiver avec de la litière ou simplement de la paille.

8. *Chicorée*. — Elle se divise en *chicorée sauvage* et en *chicorée cultivée*. Nous ne parlerons que de cette dernière ; tout le monde connaît l'autre, qui pousse naturellement dans les champs. La chicorée cultivée se distingue facilement de la précédente par ses feuilles luisantes, bien découpées et frisées. La meilleure est la chicorée d'Italie que l'on appelle dans nos pays *endive*.

On sème l'endive en lignes, mais pas avant le 10 ou le 15 mai ; on ne la repique que lorsqu'elle a déjà 15 ou 18 centimètres, et on l'arrose le plus souvent possible. Lorsque les feuilles ont bien poussé, que le cœur est bien touffu, on lie chaque pied avec du jonc, de la paille mouillée, etc., par la base d'abord, puis par le haut, mais jamais par un temps d'humidité ou de rosée. Une quinzaine de jours après cette opération, on peut cueillir les endives au fur et à mesure de ses besoins.

Scarole. — La scarole diffère de la chicorée en ce que ses feuilles sont plus longues et à peine découpées. Elle se cultive, du reste, comme la chicorée, et se traite de même. Toutes deux se conservent facilement à la cave jusqu'à la fin de janvier.

Mâche, doucette. — La mâche est une petite salade d'hiver et de printemps ; on la sème du printemps jusqu'à l'automne ; elle demande une terre en bon état et de fréquents arrosages jusqu'à ce qu'elle soit levée complètement ; elle résiste aux gelées, et celle qui est semée en automne donne même pendant l'hiver. Il est des quantités d'autres salades dans le détail desquelles il serait trop long d'entrer.

9. *Persil.* — On sème le persil dans une terre en bon état de culture, de février à août ; la graine met un mois à lever ; il monte en graine à la deuxième année, on l'en empêche en coupant les feuilles. Assez souvent on sème le persil le long des plates-bandes ; mais il est bon d'en disposer un coin pour l'hiver.

Cerfeuil. — Cette plante est plus rustique encore que la précédente ; elle se cultive comme elle ; on le sème pendant toute l'année, à l'exception des temps de gelée. Il se reproduit en graines, et par séparation de pieds.

Ail. — Il y a deux sortes d'ails, *l'ail commun* et *l'ail* d'Espagne ; ce dernier n'est cultivé que dans le Midi. L'ail s'accommode de tous les sols bien fumés quelques mois à l'avance ; il n'exige pas grand soin pendant sa végétation.

Pour le reproduire, on prend, en mars ou avril, des têtes d'ail de l'année précédente, on les choisit rondes et bien mûres, et on enfonce en terre meuble chaque caïeu (gousse) à 0,15 ou 0,20 centimètres l'un de l'autre. Lorsque les tiges sont développées, on les noue par le sommet ; on arrache l'ail en juillet ou en août, on le laisse sur place jusqu'à ce que les tiges soient bien sèches, on les réunit en bottes, et, pour les conserver, on les suspend en lieu sec.

Ciboule. — La culture de cette plante n'offre rien de particulier ; on la sème en février, mars, dans une terre légère, bien fumée ; on la replante en avril, deux par deux, à 0,12 ou 0,15 centimètres de distance.

Échalote. — L'échalote se cultive comme l'ail et se reproduit de la même façon et à la même époque ; la gousse s'enfonce un peu moins dans la terre que celle de l'ail ; on l'arrache et on la récolte comme l'ail.

Questionnaire.

1. Qu'entend-on par légumes et quelles sont les variétés hâtives de la pomme de terre ? — 2. Quelles sont les principales variétés de choux ? comment se cultivent-ils, ainsi que les choux-fleurs ? —3. Parlez-nous de la carotte, du radis et du salsifis.—4. Quelles sont les variétés de pois et comment les cultive-t-on ?—5. Mêmes questions pour le haricot.— 6. Comment se cultivent le poireau, les épinards, l'oseille et le céleri ? — 7. Combien y a-t-il de sortes de laitues ? comment se cultivent-elles ? — 8. Parlez-nous des autres salades : chicorée, scarole, mâche. — 9. Dites-nous comment se cultivent les plantes d'assaisonnement : persil, cerfeuil, ail, ciboule, échalote.

CHAPITRE IV

LÉGUMES (*suite*).

Nous avons, jusqu'à présent, parlé des légumes, pour ainsi dire, indispensables ; il en est d'autres utiles aussi, mais qui n'entrent qu'accessoirement dans l'alimentation ; nous allons en dire un mot.

1. *Asperges.* — On cultive l'asperge de bien des façons différentes ; nous recommandons la suivante : on trace sur le terrain des lignes à 0,75 centimètres l'une de l'autre, puis sur ces lignes on creuse de 0,60 en 0,60 centimètres des trous de 0,40 centimètres carrés environ, en plaçant la terre retirée sur le côté.

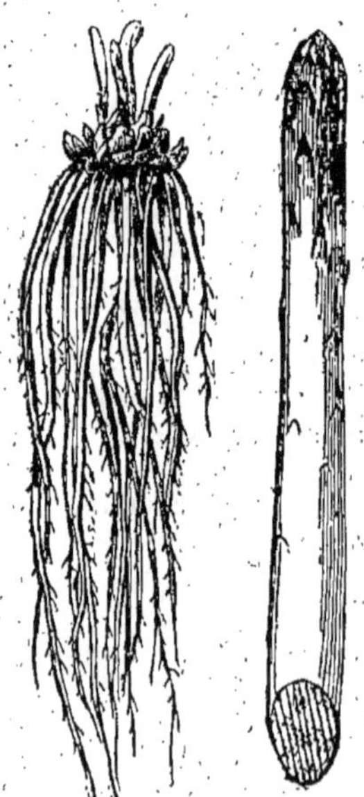

Asperge.

On met au fond de chaque trou un lit de pierrailles, puis 0,07 à 0,08 centimètres de bonne terre mélangée de bon fumier de cheval bien pourri ; on place la griffe d'asperge au milieu du trou sur cette terre, on la butte un peu, on recouvre ensuite la plante de 0,12 à 0,15 centimètres de terre.

Dans l'intervalle des pieds, on peut planter divers légumes : *radis, oignons, laitues,* etc.

La première année, on laisse pousser les asperges sans

y toucher; quand elles sont bien desséchées, on les coupe en automne au-dessus du sol; on les recouvre pendant l'hiver avec du fumier de cheval qu'on enlève au printemps, et on fait tomber, dans chaque fosse, sur une épaisseur de quelques centimètres, une partie de la terre déposée sur les bords.

On fait de même la deuxième et la troisième année, on achève de combler les trous ; la quatrième année seulement on récoltera. Une aspergerie peut durer 12 à 15 ans et même plus : il suffit d'y mettre chaque année du fumier et de la débarrasser des mauvaises herbes. L'asperge demande un bon sol et beaucoup de fumier.

2. *Artichauts.* — La culture de l'artichaut n'est pas difficile : il lui faut un sol bien préparé et bien fumé; on le reproduit par graines quand on n'est pas pressé, ou par *œilletons* quand on veut récolter dès la première année. On nomme *œilletons* des rejets qui, chaque année, poussent près du collet. On sème en lignes, sur un bon terrain, à 0,02 environ de distance l'un de l'autre; il faut à la graine 3 semaines ou un mois pour lever; puis, quand les pieds ont atteint 0,05 à 0,06, on les repique en bonne terre, en ayant soin de séparer les pieds d'au moins un mètre. On arrose plusieurs jours de suite très abondamment; on sarcle et on récolte dès la première année. Un plant d'artichauts demande à être renouvelé tous les 3 ou 4 ans. Pour l'hiver on coupe les feuilles, et on recouvre le pied de paille et de feuilles pour le préserver des gelées. Il y a plusieurs variétés d'artichauts, mais la plus productive est celle connue sous le nom de gros vert de Laon.

3. *Melons.* — Cette culture est assez difficile et forme une sorte de spécialité; nous renvoyons donc aux ouvrages spéciaux. Nous dirons seulement que, de toutes les espèces, on cultive de préférence le melon *brodé*, le *cantaloup*, le *melon de Chypre* à écorce lisse et verte et à chair

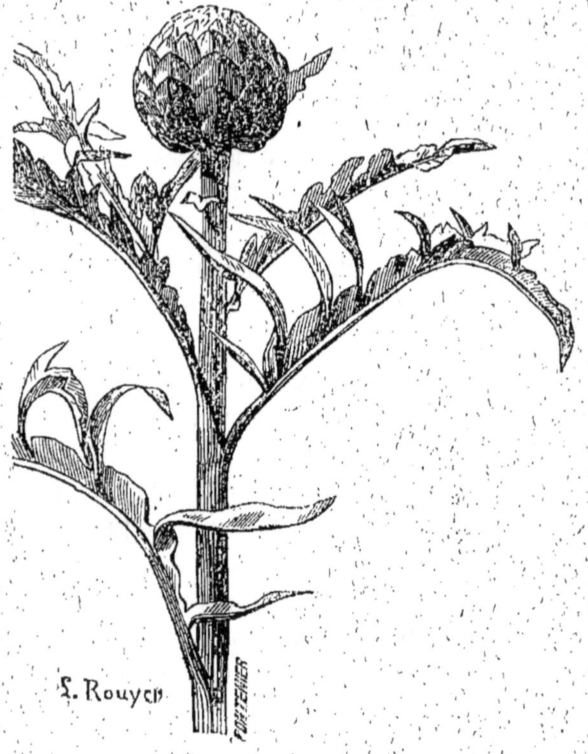

Artichaut.

ferme et rouge, et le *melon composite*. On les sème sur couches et sous châssis, dans le courant de mars; quelques jours après, on repique les pieds sur une autre couche à 0,12 centimètres environ en tous sens l'un de l'autre. On les tient sous cloches ou sous châssis, abrités par des paillassons lorsque le soleil est trop ardent, tant que la plante n'est pas assez forte, et on leur donne de l'air lorsque la température le permet. Puis, on étête les melons, c'est-à-dire qu'on supprime la tige au-dessus de la seconde feuille; on les taille encore quand les fruits sont noués ; on choisit les mieux conformés, que l'on pince à *deux yeux*, ou deux nœuds au-dessus du fruit. On ne laisse qu'un ou deux fruits par pied, et au fur et à mesure qu'ils grossissent, jusqu'à ce qu'ils aient atteint à peu près la moitié de leur développement, on retranche les nouvelles branches à fruits. Alors on les soulève, on les pose sur des morceaux de tuiles et on ne s'en occupe plus que pour les récolter quand ils sont mûrs. Cette culture est plus minutieuse que difficile; mais quand elle réussit, elle est très productive.

Courge, potiron, citrouille. — La culture n'en est pas difficile : on sème sur couches en avril ou mai ; 8 jours après on les repique sur une bonne terre, à 2 mètres celles qui sont coureuses, et à 1 mètre celles qui ne le sont pas; on arrose souvent et copieusement ; on ne laisse qu'un ou deux fruits par pied pour les avoir plus gros; on récolte en octobre les courges, que l'on conserve dans des endroits chauds et secs, et non à la cave, où elles pourrissent.

Concombre. — Le *concombre* ou *cornichon* se cultive comme la courge, avec cette différence qu'on ne lui retranche rien, ni fruits ni tiges. À mesure que les concombres grossissent, on les cueille pour les confire au vinaigre ; on n'en laisse guère mûrir que pour porte-graine.

4. *Fraisier*. — Les variétés de fraisiers sont très nombreuses; les principales sont : le *fraisier de tous mois*, le *fraisier de Bruxelles*, le *fraisier de Montreuil*, *l'ananas*. Ce dernier se divise lui-même en une foule de sous-variétés. La culture du fraisier est des plus faciles : il se multiplie de semence, mais généralement on le reproduit par

œilletons. On le plante sur une terre douce et fumée, en planches ou en bordure, à l'automne pour qu'il donne des fruits au printemps suivant, au printemps pour qu'il en

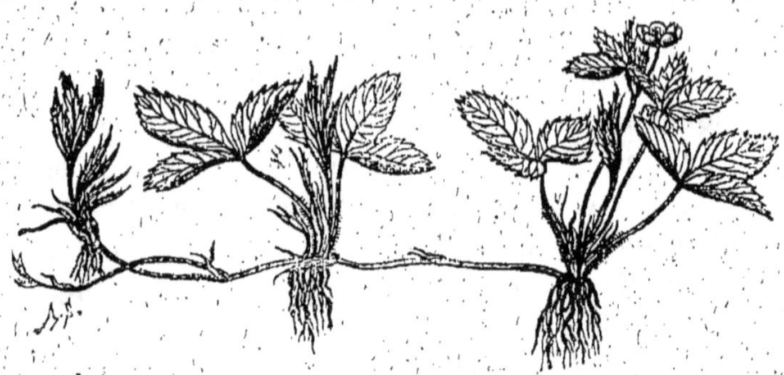

Fraisier.

donne à l'automne. On sarcle, on arrose les fraisiers, on supprime les filets au fur et à mesure qu'ils poussent. Après la récolte, on rabat les tiges, on enlève les coulants et on recouvre les pieds de bonne terre. Le fraisier, l'ananas surtout, dégénère après 2 ou 3 ans; il est donc bon de le renouveler assez souvent.

Framboisier. — Cette plante et la précédente s'accordent parfaitement ensemble; toutes deux exigent même sol, même climat et mêmes soins; elles mûrissent ensemble, et sur nos tables on les mélange souvent. Le framboisier se reproduit par des rejetons que l'on enlève avant ou après l'hiver; ou, si l'on veut avoir des fruits beaucoup plus vite, par des éclats de vieux bois que l'on plante en automne dans des trous de 0,30 à 0,40 centimètres de profondeur sur 0,50 de largeur que l'on garnit de bon fumier. On taille au printemps l'extrémité des tiges.

Groseiller. — Le groseiller pousse partout; on le plante dans les coins et les plates-bandes; il y a la *groseille* à *maquereau* (la *grosse*) et la *groseille* à *grappes*. On plante le groseiller comme le framboisier; il se reproduit de bouture; il suffit pour cela du couper quelques branches sur un vieux pied et de les planter dans une bonne terre sans autre précaution; on fera bien, toutefois, de les arroser de temps en temps, s'il fait trop sec, pendant la première quinzaine.

Groseiller.

5. Il est une foule d'autres plantes moins importantes que l'on peut cultiver encore avec agrément, mais nous ne croyons pas utile cependant d'en parler; telles sont: la

Tomate.

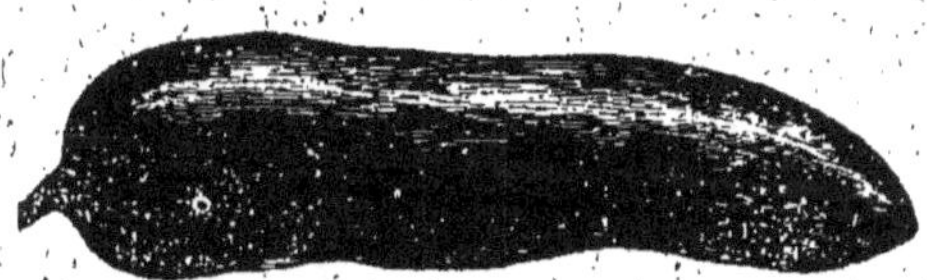

Aubergine.

tomate, l'*aubergine*, etc, Dans une ferme importante, on fera bien de réserver un carré pour les plantes médicinales les plus souvent employées : la *guimauve*, la *menthe*, la *camomille*, la *bourrache*, la *mélisse*, l'*absinthe*, le *pavot blanc*, etc., etc.

Questionnaire.

1. Comment se fait la culture de l'asperge ? — 2. Comment celle de l'artichaut ? — 3. Parlez-nous des melons, des courges et des concombres. — 4. Dites-nous quels soins il faut donner aux fraisiers, aux framboisiers et aux groseillers. — 5. Quelles sont les principales plantes médicinales, qu'il serait bon de cultiver dans une ferme ?

CHAPITRE V.

JARDIN FRUITIER, JARDIN D'AGRÉMENT.

1. Nous avons dit que, presque toujours, à la ferme le potager réunit à la fois les légumes, les fruits et les fleurs; nous avons donné quelques détails sur la culture des premiers; il nous reste à parler des autres, qui ont bien aussi leur degré d'utilité : car les fruits sont une précieuse ressource, et les fleurs, ornement de nos jardins et de nos demeures, charment le regard, et, par leurs suaves odeurs, corrigent les émanations désagréables dont peut être affecté notre odorat.

Le vrai parterre des jardins de ferme, c'est la plate-bande : les fleurs alors encadrent les légumes, et ne prennent, pour ainsi dire, pas de place; les arbres à fruits s'élèvent de distance en distance, le long des allées, ou, courant le long des murs, se montrent partout où ils ne peuvent nuire, et reposent agréablement la vue.

Nous allons dire deux mots de la façon dont on peut établir les plates-bandes :

On emploie comme plantes de bordure *l'œillet mignardise*, la *violette odorante*, l'*oreille d'ours*, la *pâquerette vivace*, etc., etc. Ces plantes sont robustes, se développent peu et n'exigent pas de grands soins. Derrière cette bordure, si l'on a de la place, on plante des fleurs plus élevées : *différents œillets*, les *balsamines*, le *saxifrage* ou *désespoir du peintre,* les *reines-marguerites,* les *chrysan-thèmes,* les *pieds d'alouette,* etc., etc. On sème les mar-guerites en pépinière, pour les repiquer ensuite.

Aux angles et au milieu des plates-bandes on place les fleurs à hautes tiges : les *dahlias,* les *glaïeuls,* les *roses trémières,* les *croix de Jérusalem,* les *soleils,* les *immor-telles,* les *fuchsias,* etc., etc.

Presque toutes ces fleurs sont vivaces et faciles à cultiver.

Si l'on veut former quelques corbeilles et massifs de plantes vivaces, on mettra des *perce-neige,* des *tulipes,* la *micale du printemps,* la *julienne blanche,* la *fraxi-nelle,* etc., etc.

Si l'on veut garnir un berceau, ou masquer certaines parties de muraille, on emploiera, comme plantes grim-

Rose mille-feuilles.

pantes, le *chèvrefeuille,* la *vigne-vierge,* la *clématite,* le *liseron,* le *gobéa,* la *glycine,* les *pois de senteur,* l'*aris-toloche,* le *houblon,* etc.

13.

Quelques arbres et arbustes feront bien dans les plates-bandes, dans les massifs, dans le jardin lui-même; on aura donc tant de *plein-vent* qu'en *quenouilles* les arbres à fruits suivants : *pommiers, poiriers, cerisiers, pêchers, abricotiers, pruniers,* puis les *groseillers,* les *cassis,* les *framboisiers,* et enfin, comme arbres d'agrément, différentes variétés de *rosiers,* celle à *cent feuilles,* le *rosier de Bengale,* le *géant des batailles,* etc., etc., le *lilas,* le *groseiller rouge,* etc., etc.

Rose de Provins.

2. Toutes ces plantes se cultivent facilement ; nous les avons choisies à dessein, car cultiver des fleurs plus délicates, plus rares, est une spécialité dont, à la ferme, on n'a pas le temps de s'occuper. Ce qu'il faut à toutes ces plantes, c'est, comme à toutes les autres dont nous avons parlé, un bon sol bien préparé, bien fumé, de bons sarclages et de nombreux arrosages. En automme, tous les 4 ou 5 ans, on relèvera les plantes vivaces, parce qu'elles épuisent le sol. Pour cela, on brise les touffes dont on rejette une partie et on replante l'autre dans une terre nouvelle. Autant que possible, on replante immédiatement les plantes à oignons, à l'exception des *tulipes,* des *glaïeuls,* des *jacinthes,* qui peuvent être conservés pendant plusieurs mois hors de terre. On plante en automne les tulipes, les jacinthes, et au printemps les glaïeuls. Le printemps est la vraie saison des fleurs ; aussi ne plante-t-on en automne que les oignons durs à lever; lorsqu'on les plantera, on aura soin de les tasser avec le pied.

On sème d'abord les fleurs printanières, *marguerites, primevères;* puis pour les remplacer, on plante les *œillets,* les *immortelles,* les *scabieuses,* les *croix de Jérusalem,* etc., et en 3e saison, les *reines-marguerites,* les *balsamines,* les *belles-de-nuit,* etc.

3. Les plantes se multiplient par graines: il faut les avoir bonnes et nouvelles autant que possible; par *boutures :* elles se font de diverses façons, par *drageons, rejetons enracinés* ou *marcottes;* par *couchage,* comme on le fait pour les rosiers; par division de caïeux : les *dahlias.*

Multiplication par graines. — On sème les graines de fleurs comme les autres graines, dans une terre bien préparée, en observant les mêmes précautions. On peut, quant à la façon dont elles doivent être recouvertes, admettre comme règle qu'il faut 0,04 à 0,05 centimètres de terre sur les graines de la grosseur d'une noix, 0,02 à 0,03 centimètres sur celles de la grosseur d'un haricot, et qu'un centimètre et même moins suffit pour les graines fines.

Multiplication par caïeux. — On nomme caïeux les petits oignons ou bulbes qui poussent, soit à côté, soit dans l'intérieur d'un autre bulbe, et destinés à remplacer ce dernier. Ce mode de reproduction est très facile et très-prompt.

Multiplication par œilletons, rejetons et éclats. — Les œilletons sont des pousses produites par certaines racines près de la plante mère; les rejetons sont aussi des pousses produites par des racines, mais à des distances plus ou moins grandes de la plante.

Si l'on veut forcer une racine à donner des rejetons, il suffit de la soulever jusqu'à la surface du sol après l'avoir un peu découverte. Plusieurs plantes se reproduisent par l'*éclat* des touffes et des racines; pour obtenir ces éclats, on se sert d'un instrument tranchant.

4. *Multiplication par marcottes.* — On appelle *marcotte* un rameau, une branche sur laquelle on fait pousser des racines sans la séparer de la tige; le procédé est très simple et s'exécute de diverses façons; nous ne parlerons que de celle qui est surtout employée.

Marcottage simple. — On choisit une branche, on enlève les feuilles, on la couche en terre, en la maintenant avec des crochets à 0,08 à 0,10 centimètres de profondeur; on la recouvre de terre sur une certaine longueur et avec beaucoup de précautions pour ne pas la casser; on enlève à la hauteur de 2 boutons l'extrémité qui doit sortir de terre; on enlève à la partie qui tient à la souche. tous *rejetons*, *boutons* ou *yeux*. Puis, lorsque la marcotte est assez enracinée pour pouvoir vivre de sa propre vie, on la sépare de la tige mère avec un sécateur et l'opération est faite. On fait de cette manière le marcottage de la vigne, qui prend alors le nom de *provignage*.

Si la branche que l'on veut marcotter ne peut être recouchée en terre, on la fait passer par un trou percé à la partie inférieure d'un pot en terre, d'un entonnoir en fer-blanc soutenu ou par la branche même, ou par un petit échafaudage; on le remplit de terre que l'on tient humide, et, de même que plus haut, on sépare cette marcotte de la tige, quand elle a pris racine.

On marcotte ordinairement au printemps.

Chaque jardinier a sa méthode particulière de marcottage : les uns font sur l'écorce des incisions en long entre deux boutons, d'autres font des ligatures sur la marcotte au point où elle sort de terre. Quoi qu'il en soit, tous les moyens ont un seul et même but: ralentir la marche de la sève sur le point de la marcotte où doit se faire l'enracinement.

5. *Boutures.* — On donne ce nom à un rameau, à une branche qui, détachée d'un arbre et plantée en terre, pousse des racines, végète et bientôt reproduit un arbre semblable. Les boutures se font de différentes façons ; nous ne citerons que la plus facile et la plus fréquemment employée.

Ordinairement, en février, on coupe au-dessus d'un œil des tronçons de branches de l'année précédente, ayant, suivant les espèces, de 0^m15 à 0^m30 cent. de longueur ; on en fait un paquet que l'on enfonce à moitié dans le sable ou dans une terre légère. En avril, on les repique à la main en laissant sortir un ou deux yeux ; on tasse ensuite fortement la terre avec le pied autour du plant. On choisit, pour *bouturer*, une terre bien amendée, et on arrose fortement.

Pour les fleurs, on fait les boutures en pots de la même façon ; seulement, les mois de mai et de juin sont ceux qui, pour ces sortes de boutures, conviennent le mieux.

Questionnaire.

1. Quel doit être le véritable jardin de la ferme? et dites-nous la manière de faire les plates-bandes. — **2.** Comment se cultivent les plantes conseillées pour jardins ? — **3.** Comment les plantes se multiplient-elles ? — Comment se fait la multiplication par graines, par caïeux et par œilletons, rejetons et éclats ? — **4.** Qu'appelle-t-on marcottes et comment se font-elles? — **5.** Dites-nous aussi comment se font les boutures ?

CHAPITRE VI

GREFFE.

1. La greffe a pour but d'obliger un *œil* d'une plante à croître sur une autre plante. On greffe pour améliorer un sujet, pour en changer les fruits et même quelquefois les fleurs.

L'arbre dont on veut, par ce moyen, changer la production s'appelle *sujet*, et la portion que l'on veut appliquer sur le premier s'appelle la *greffe*.

On ne peut greffer l'un sur l'autre que des arbres de conformation identique ou à peu près, ou des plantes de même espèce. L'union se fait par les parties où afflue la sève, et il faut que le contact soit intime et prolongé.

Il y a plusieurs sortes de greffes, dont 3 principales : 1° la *greffe en fente* ; 2° celle *à écusson à œil dormant* ou *à œil poussant* ; 3° la *greffe par approche* ; 4° la *greffe en couronne*. L'opération de la greffe est assez compliquée ; c,est sur le terrain en pratiquant, qu'il faut apprendre à greffer. Toutefois, pour en donner une idée, nous dirons quelques mots de chacune des quatre greffes sus-nommées.

2. *Greffe en fente.* — On commence par couper le sujet en travers ; on fait une fente que l'on tient ouverte au moyen d'un petit coin ; on prend un bourgeon muni de

2 ou 3 boutons; on le taille en biseau et on l'introduit dans la fente du sujet; il faut qu'il y ait, entre le sujet et la

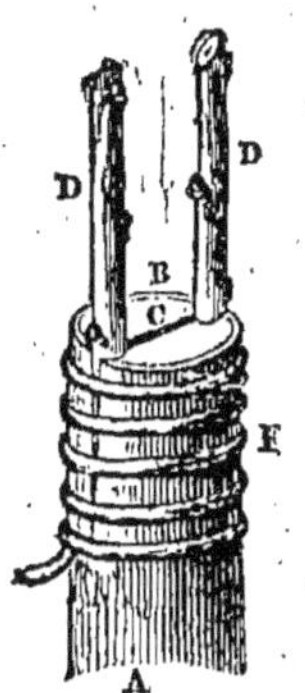

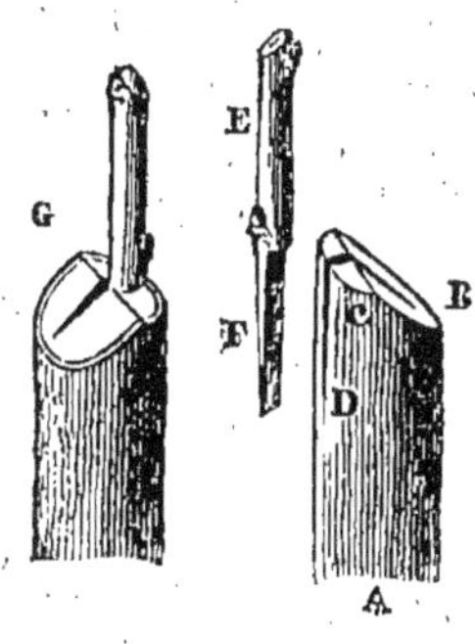

Greffe en fente.

greffe, contact parfait; on retire le coin, et on recouvre d'un enduit toutes les parties entamées.

Greffe en écusson. — En été, lorsque la sève afflue, on fait une fente longue de quelques centimètres dans l'é-corce d'un jeune sujet; on soulève cette écorce à droite et à gauche, et comme greffe, on introduit en des-sous une petite plaque d'é-corce, à laquelle on laisse un peu de bois, en forme d'écusson, munie d'un bou-ton et du petit bourgeon de la feuille qui touche à ce bouton; on serre avec de la laine les écorces en dessus

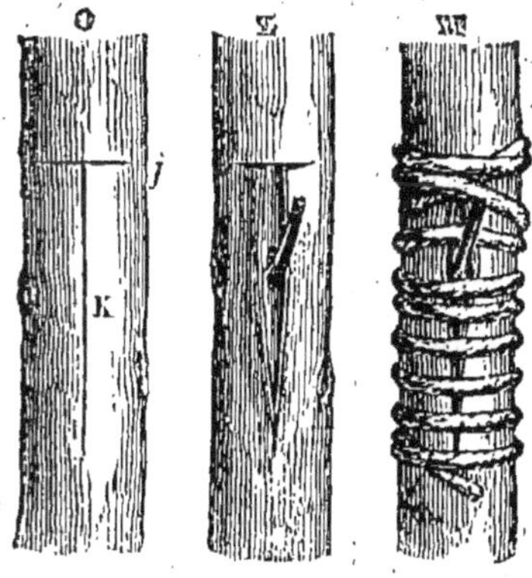

Greffe en écusson.

et en dessous du bouton introduit. Si cette greffe a lieu à la sève d'août, après les pluies d'été, elle ne produit or-dinairement de bourgeons qu'au printemps suivant; on l'appelle alors greffe dormante.

Greffe en approche. — Pour greffer par approche, on rapproche d'une branche une autre branche ou un bourgeon ; on entaille chacune de ces parties de manière à ce qu'il y ait entre elles le plus de points de contact po...ibl, on serre ensuite fortement avec de la laine et on enduit le tout de mastic. On emploie avantageusement cette greffe pour garnir de branches des parties d'arbres qui en manquent, ou pour marier ensemble plusieurs sujets qui se fortifient l'un par l'autre. Les greffes par approche et en fente doivent se faire au printemps.

Greffe en couronne. — Elle se fait plus tardivement que la greffe en fente et convient surtout aux gros arbres à fruits. On scie la branche sur laquelle on veut greffer, on prépare ensuite des greffes à deux yeux, des bouts de rameaux que l'on amincit à leur base d'un seul côté ; on incise ensuite verticalement l'écorce des branches autour des parties coupées jusqu'à l'aubier ; on soulève l'écorce des deux côtés de l'incision et l'on insère les greffes de façon que la base amincie touche à l'aubier et que le cran qui est à la naissance du bec s'appuie sur le bord de ce bec. Il n'y a plus ensuite qu'à ligaturer avec de la laine.

Arbres, arbustes. — Les arbres, arbustes se reproduisent par semis ; mais il vaut mieux prendre chez de bons pépiniéristes ceux dont on a besoin, alors qu'ils sont déjà un peu gros.

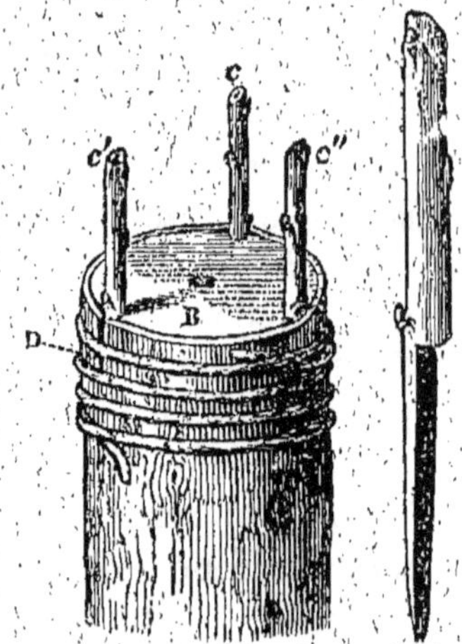

Greffe en couronne.

3. *Plantations.* — On plante les arbres au printemps et à l'automne, dans un moment où la végétation est complétement arrêtée. Pour la plantation de printemps, qui convient aux arbres verts, il est bon de creuser les trous avant l'hiver ; pour celle d'automne, qui convient aux autres arbres, on les creuse au printemps ou pendant l'été. Ces précautions ne sont pas indispensables, mais elles sont bonnes à prendre. Une fois replantés, ils ne demandent d'autres soins qu'un bon arrosage tous les 8 jours, si l'année est sèche, et l'enlèvement des mauvaises herbes qui poussent à leurs pieds.

Il faut choisir des plants bien sains, ce que l'on reconnaît quand ils ont la peau très lisse et que les yeux sont bien marqués et bien arrondis. Si, au contraire, la peau est sombre, tachée, presque toujours l'arbre est malade ; les yeux plats, peu apparents, se développent difficilement et quelquefois pas du tout.

4. *Taille des arbres.* — La taille des arbres est une opération compliquée et qui demande, pour être bien faite, une grande pratique, qu'il est difficile d'expliquer clairement sur un livre. Plus que la greffe encore, la taille des arbres doit être apprise sur le terrain même.

Nous dirons seulement que la taille a pour but de faire produire aux arbres le plus possible sans les fatiguer, et de les disposer de façon à ce que les fruits mûrissent promptement et dans de bonnes conditions.

Il y a la taille d'hiver qui se fait avant le développement de la végétation ; celle d'été, au contraire, se fait lorsque les arbres sont en pleine vigueur. Par la première, on se propose de *disposer* l'arbre ; par la seconde, on régularise le développement des branches et des fruits.

On ne taille pas tous les arbres de la même façon ; la taille varie suivant les espèces. On se sert, pour la pratiquer, de *serpette*, de *sécateur*, de *scie-passe-partout*. Depuis quelques années, le sécateur est presque partout employé, bien que la serpette soit le véritable instrument de taille.

5. On conduit ordinairement les arbres fruitiers de deux façons distinctes : 1° comme *sujets de plein-vent ;* 2° comme *sujets réglés et dirigés dans leur développement et par une taille annuelle.* Les arbres de plein-vent poussent naturellement ; on les corrige quelquefois de la façon suivante : à un ou deux mètres, suivant les espèces, on coupe le brin central pour forcer l'arbre à se développer en largeur plutôt qu'en hauteur ; il faut aussi supprimer au ras de l'écorce toute pousse *gourmande* et rogner les extrémités des branches qui s'étendent trop loin du centre ; il est bon aussi d'éclaircir les branches pour que, trop nombreuses, elles ne se gênent pas réciproquement

Lorsque l'arbre se couronne, il faut couper aussi près que possible les vieilles branches qui, de cette façon, eront remplacées par des rameaux vigoureux.

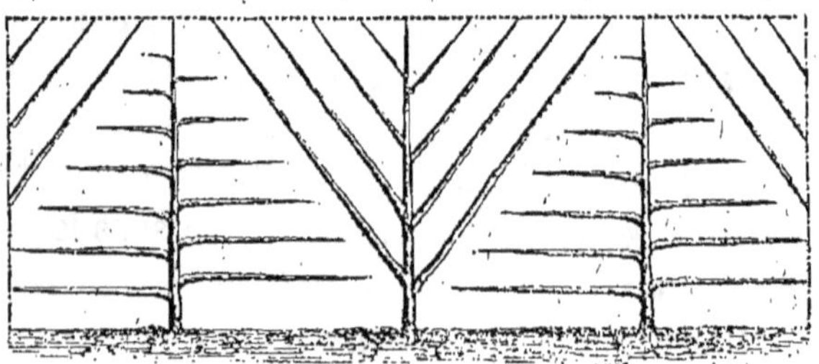

Palmette simple.

Il faut, tous les **3** ans au moins, de l'engrais sur les racines et nettoyer le tronc.

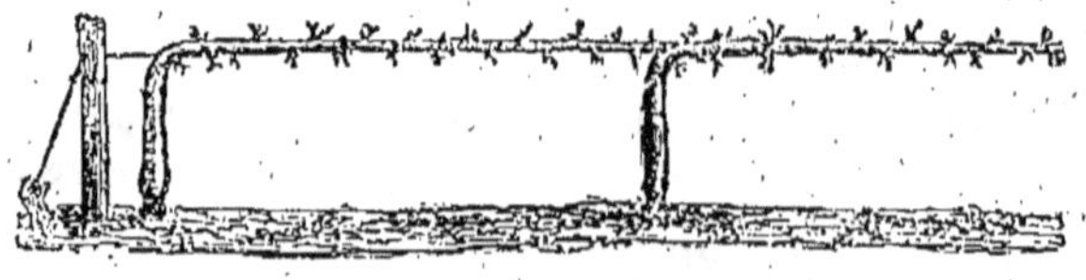

Cordon horizontal.

6. Les arbres que l'on dirige se nomment : *espaliers,*

quenouilles, cordons verticaux, cordons horizontaux, etc.

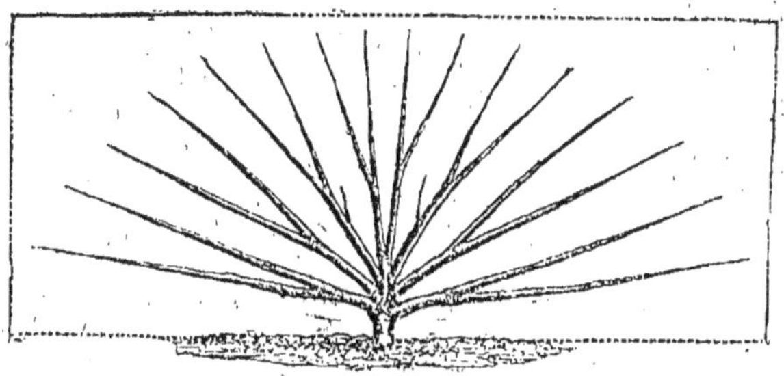

Éventail.

Ils se composent de deux genres principaux de branches : les *branches mères* qui acquièrent une certaine étendue et forment, pour ainsi dire, la charpente de l'arbre ; 2° les *branches courtes*, qui naissent sur toute l'étendue des branches-mères et doivent porter des fruits.

Il n'est pas possible et il serait superflu d'entrer ici dans le détail du travail à faire pour amener l'arbre aux dimensions et à la forme qu'on veut lui donner. Nous dirons seulement que les branches-mères doivent être disposées très régulièrement suivant un plan tracé d'avance. On ménage pour cela les bourgeons à bois qui partent le plus près possible des points fixés, et qui sont dans une direction convenable.

Presque toujours, pour empêcher ces boutons de *dormir*, surtout ceux de la base, il faut faire refluer vers eux une abondante sève ; on pince, pour cela, une ou plusieurs fois, l'extrémité du bourgeon

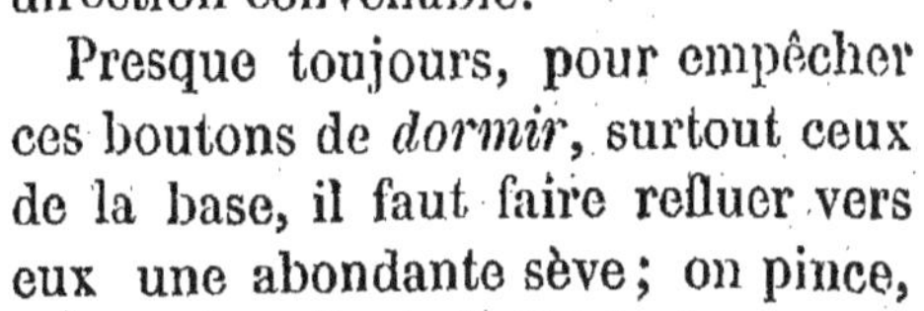

Pyramide.

de la branche mère, alors qu'elle est en pleine végétation.

Quand on taille, la coupe doit être nette et à biseau.

Les arbres taillés appuyés contre un mur, *espaliers*, *cordons verticaux*, sont très productifs, en raison de la quantité de chaleur réfléchie sur eux par le mur, et aussi parce que l'on peut facilement les préserver de la gelée.

Les arbres que l'on taille le plus ordinairement sont les *pommiers*, les *poiriers*, les *pêchers*, les *abricotiers* et les *pruniers*; les deux premiers se taillent en *pyramide*, en *quenouille*, en *fuseau*, en *vase*; les autres, généralement en *espaliers*, soit contre des murs, soit dans des plates-bandes.

Bien que la taille des arbres soit indispensable dans certains cas, par exemple lorsque l'on manque de terrain pour faire un verger, lorque l'on veut élever des arbres contre un mur ou dans des plates-bandes, ou lorsqu'on veut leur donner des formes plus ou moins gracieuses, nous recommanderons les arbres à haute tige et, après M. Joigneaux, si compétent en la matière, nous dirons : « Si les produits des arbres de haute tige ne se recommandent pas toujours par la mine, ils se recommandent souvent par leur saveur délicate et par les services qu'ils rendent.

Questionnaire.

1. Qu'est-ce que la greffe ? quel est son but, et quelles sont les principales sortes de greffes ? — 2. Dites-nous comment se fait la greffe en *fente*, celle en *écusson* et celle en *approche* ? — 3. Qu'entendez-vous par plantations et comment se font-elles ? — 4. La taille des arbres est-elle une opération facile? combien y a-t-il de sortes de tailles? — 5. Comment se dirigent les arbres, qu'y a-t-il à faire aux arbres de plein vent ? — 6. Comment se nomment les arbres dont on conduit la direction, et comment s'y prend-on pour obtenir cette direction ?

TABLE DES MATIÈRES

DEUXIÈME PARTIE

ANIMAUX DOMESTIQUES.

TROISIÈME PARTIE

HORTICULTURE.

CORBEIL. — IMPRIMERIE B. RENAUDET